Wissen über Wissenschaft

Joachim Bublath
Günter Sandscheper

WISSEN ÜBER WISSENSCHAFT

Neues aus der Forschung

Verlagsgesellschaft Schulfernsehen, Köln

Dieses Buch entstand in Verbindung mit der Fernsehreihe des Hessischen Rundfunks und des Bayerischen Rundfunks „Strukturen — Wissen über Wissenschaft".

Redaktion der Fernsehreihe: Dr. Joachim Bublath
Redaktion des Buches: Diedrich Genth

1. Auflage 1974
©Verlagsgesellschaft Schulfernsehen, Köln 1974
Umschlagentwurf: Roland Poferl, Köln
Umschlagfoto: Karl-Heinz Hilbrecht, Köln
Satz: Composer Engel, Köln
Druck- und Bindearbeiten: Beltz Offsetdruck, Hemsbach
ISBN 3-8025-1019-4

INHALT

1. Flüssige Kristalle: Temperaturen machen Farben

Farbe sehen und Farbfernsehen	7
Flüssige Kristalle reagieren auch auf Druck	11
Flüssige Kristalle als Hilfe für die Medizin	14
Eine Kamera sieht Wärme	15
Fehlersuche in Material und Elektronik	19
Flüssige Kristalle – chemisch betrachtet	21
Drei Gruppen von flüssigen Kristallen	22
Neuer Start in den USA	24
Bilder und Ziffern	26
Ein Ventil für das Licht	30

2. Bildverstärker: Sehen im Dunkeln

Die Zigarette wird zum Scheinwerfer	37
Hilfe für den Röntgenarzt	38
Ein Bild aus kleinen Kristallen	41
Fernsehkameras im Taschenformat	43
Wärme produziert Bilder	46
Thermogramme zeigen alles, was warm ist	46

3. Flickerfarben: aus Schwarzweiß wird Farbe

Färbt ein Ventilator Licht?	51
Aus Schwarzweiß wird Farbe	53
Wo entsteht die Flickerfarbe im optischen System des Menschen?	54

4. Glas: ein bereits erforschtes Material?

Leben in einer Thermosflasche	58
Genutzte Reflexion	59
Gold hilft reflektieren	60
Glas gegen Gammastrahlen	61
Gefährliche Sonnenstrahlen	61
Fototropes Glas	62
Fototropes Glas als optischer Speicher	63
Wie fest ist Glas?	64
Thermische Vorspannung	65
Chemische Vorspannung	65
Temperatursprung: Tod des Glases?	70

5. Mikroskopie: Atome sehen können?

Mit Rot sieht alles anders aus	72
Elektronenmikroskope: Grenze des Sehens	74
Durch Supraleitung zu kurzen Brennweiten	78

Atome werden sichtbar 79
Das Rasterelektronenmikroskop 80

6. Bildtelefon: Nachrichtenübertragung mit Glasfasern

Kanal, Bandbreite, Frequenz: Was ist das? 83
Wie sieht die Nachrichtenverbindung der Zukunft aus? 84
Rohre und Gläser werden „Kabel" 84
Das Licht versickert 89
Ein Nachrichtensystem aus Glas 90
„Zerstückelung" der Nachricht spart Kabel 92
„Zusammenpressen" von Nachrichten 94
Betrogenes Auge 95

7. Polyoxide: Putschmittel für Schiffe und Feuerwehr

Fische sind schlüpfrig 99
Fäden beruhigen das Wasser 101
Die Feuerwehr spritzt weiter 104
Schiffe werden schlüpfriger und schneller 106
U-Boote: Reibungswiderstand überwinden 108
Vom Pestizid bis zum Bierschaumhemmer 109

8. Uri Geller: entlarvter Gabelbrecher

9. Solarzellen: Energie aus Tageslicht

Triumphe im Weltraum 120
Kampf um den Wirkungsgrad 123
Suche nach der idealen Zelle 126
Für die Erde billige Großflächen 129

Register

1. FLÜSSIGE KRISTALLE: TEMPERATUREN MACHEN FARBE

Die Bezeichnung „flüssige Kristalle" erscheint bei näherer Betrachtung ohne Sinn. Denn: *flüssig* ist ein Zustand der Materie, und *kristallin* ist ein anderer Zustand. Die Bezeichnung will sagen: die Flüssigkeit ist teilweise wie ein Kristall geordnet, ihre Moleküle richten sich nach bestimmten Regeln aus, sie bilden Ebenen.

In einer Flüssigkeit sind die Teilchen völlig regellos vorhanden, in einem Kristall dagegen unterliegen sie einer strengen Ordnung. Ein flüssiger Kristall befindet sich *zwischen* diesen beiden Zuständen.

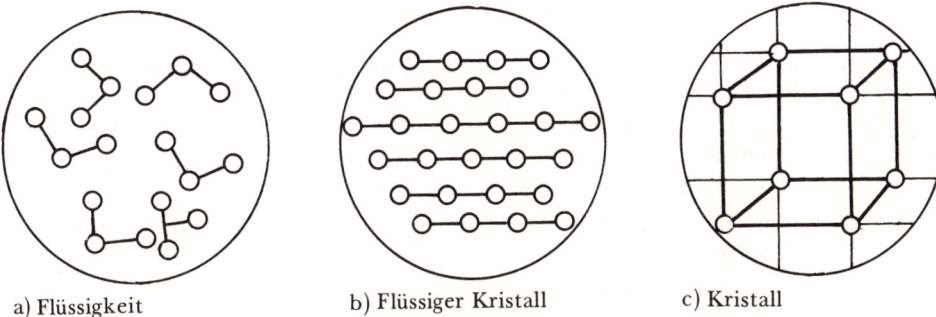

a) Flüssigkeit   b) Flüssiger Kristall   c) Kristall

Abb. 1: Blick durchs Mikroskop; a) Ungeordneter Zustand der Moleküle bei einer Flüssigkeit; b) Ordnung in zwei Richtungen. Die Ebenen sind gegeneinander verschiebbar. c) Ordnung in drei Richtungen. Festgefügtes Gitter.

Genau dieser Zwitterzustand ist eine Voraussetzung für die mit diesen Substanzen möglichen Farbspielereien. Die Farbe des flüssigen Kristalls ist von der Temperatur abhängig: erwärmen Sie mit Ihrer Hand die diesem Buch beiliegende Folie, so verändert sich die Farbe in dieser Region bis zum satten Blau. Das ist sicher ein verblüffender Effekt; die Frage aber bleibt: Wie kommen diese Farben zustande? Oder holen wir noch weiter aus: Wie entsteht eigentlich das, was wir Farbe nennen?

Farbe sehen und Farbfernsehen

Dazu müssen wir einiges über das Wesen des Lichtes sagen. Weißes Licht besteht aus elektromagnetischen Wellen verschiedener Wellenlänge; aus einem Gemisch. Jedoch erleben wir täglich, wie unser Auge unterschiedliche Wellenlängenbereiche als verschiedenfarbig registriert. Licht-Wellenlängen sind extrem kurz, deshalb ist ihnen auch ein extrem kleines Maß zugeordnet: das Ångström. Ein Ångström (Å) entspricht dem zehn Milliardsten Teil eines Meters oder: dem 10 Millionstel Teil eines Millimeters. Wir empfinden zum Beispiel den Wellenlängenbereich von 6500 Å bis 7500 Å als Rot und den Wellenlängenbereich von 4600 Å bis 4900 Å als Blau *(Abb. 2)*.

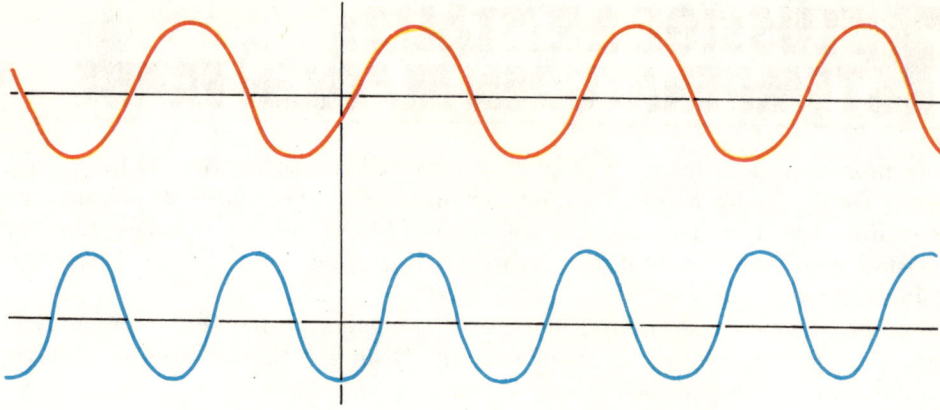

Abb. 2: Blau und Rot unterscheiden sich durch verschiedene Wellenlänge

Wenn wir das weiße Licht durch ein Prisma fallen lassen, können wir leicht feststellen, daß es sich um ein Gemisch verschiedener Wellenlängen handelt. Denn das Prisma zerlegt das Licht in einzelne Wellenlängenbereiche *(Abb. 3).* Selbst eine Glasscherbe reicht für diesen Test schon aus. Auch der Regenbogen ist ein Beweis dafür: je nach der Wellenlänge werden die Wellen vom Regen oder von hoher Feuchtigkeit verschieden stark abgelenkt, und der farbige Bogen wird sichtbar.

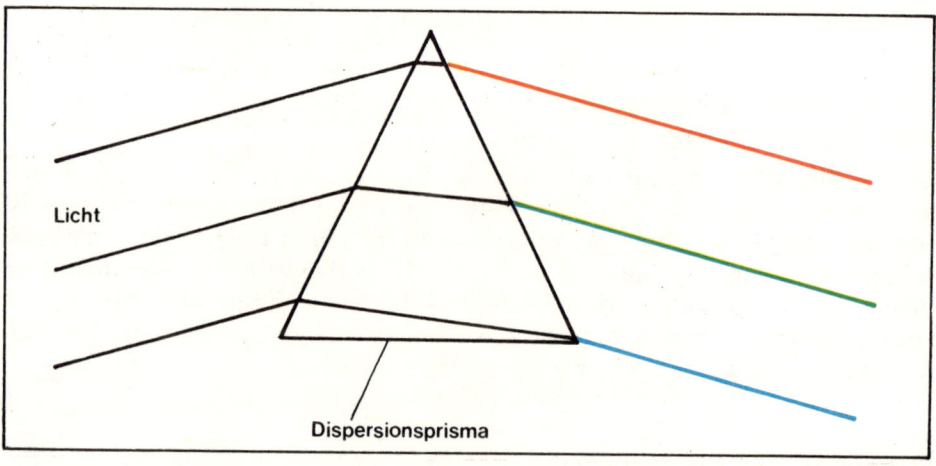

Abb. 3: Unterschiedliche Brechung des Lichts

Sogar die Umkehrung ist möglich: die verschiedenen Wellenlängen — die verschiedenen Farben — ergeben zusammen Weiß. Betrachten wir einmal die drei Filter in *Abbildung 4* mit den Farben Rot, Grün und Blau. Das Rotfilter ist deshalb rot, weil nur die Wellenlänge durchgelassen wird, die in unserem Auge die Farbempfindung Rot hervorruft. Die anderen Wellenlängen werden verschluckt *(Abb. 5).*

Ebenso funktionieren die Grünfilter und Blaufilter. Legen wir diese drei Filter übereinander, bzw. überlagern wir die drei Wellenlängen, so erscheint das durchfallende Licht für unser Auge weiß. Zwei Wellenlängen ergeben eine Mischfarbe.

Abb. 4: Mischfarbenbildung

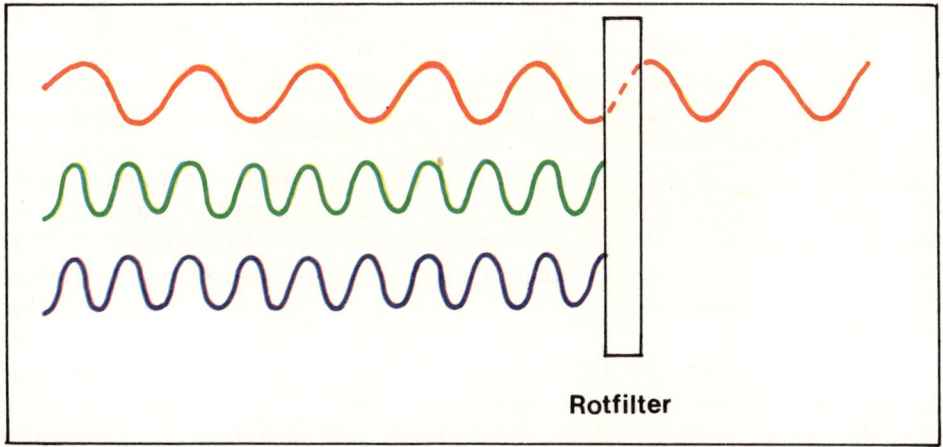

Abb. 5: Ausfiltern von Farbanteilen des Lichts

Unser Auge ist also sehr leicht zufriedenzustellen. Deshalb kommt auch das Farbfernsehen mit nur drei verschiedenen Farben aus: das Bild der Mattscheibe ist in eine Vielzahl von Punktdreiergruppen zerlegt, die durch einen Elektronenstrahl angeregt rot, grün oder blau leuchten *(Abb. 6)*. Je nach Farbwunsch kann mit drei Elektronenstrahlen ein buntes Bild zusammengesetzt werden. Bei dieser Technik hilft uns eine weitere Eigenart des Auges: von einer bestimmten Entfernung an kann unser Auge die Punkte nicht mehr scharf trennen, sie verschwimmen. Wir sehen eine Mischfarbe; je nachdem wie stark die einzelnen Punkte leuchten.
Dazu folgendes Beispiel: der grüne Punkt in *Abbildung 7* ist von einem roten kreisförmigen Feld umgeben. Decken Sie den roten Bereich ab, sehen Sie nur

den grünen Punkt. Legen Sie bitte das Buch hin und betrachten die Abbildung aus zwei Metern Entfernung: die Farbbereiche Grün und Rot werden ineinander verlaufen — im Grenzbezirk sehen Sie Gelb als Mischfarbe der beiden vorhandenen Farben Grün und Rot.

Besitzen Sie ein Farbfernsehgerät? Dann betrachten Sie bitte den Schirm mit einer Lupe. Sie werden feststellen, daß die Farben jeweils im gleichseitigen Dreieck zueinander angeordnet sind. Die Farben Grün, Blau und Rot bilden ein solches Dreieck. Dort wo sie aneinandergrenzen, ist ihnen auf einer hinter dem Bildschirm liegenden Metallscheibe ein Loch zugeteilt. Diese Lochmaske sorgt dafür, daß exakt von den drei Elektronenstrahlen für Rot, Grün und Blau jeder Farbpunkt in der für die Farbmischung gewünschten Weise angeregt wird. Der Grad der Anregung einer der drei Grundfarben entscheidet über die für unser Auge sichtbare Mischfarbe im einzelnen Farbpunkt der Fernseherzeile.

Die Lochmaske besteht aus relativ viel Blech, obschon sie sehr durchsichtig wirkt. Der daraus resultierende Nachteil: es wird zuviel der aufgewendeten Elektronenenergie — nämlich 80 Prozent — verschluckt. Denn diese Energie wird eigentlich an den Farbpunkten gebraucht, um unseren Bildschirm heller erscheinen zu lassen. Diese von der Maske verschluckte Energie muß außerdem abgeführt werden, weil sie sich sonst unzulässig verformen würde, was eine ungenaue Landung der Elektronenstrahlen und damit eine schlechte Wiedergabe der Farben zur Folge hätte.
Heute gibt es verbesserte Formen von Masken: die *Streifenmaske* — sie hat statt einer Reihe von Löchern untereinander hauchdünne Schlitze — oder eine Mischform, die *Schlitzmaske,* sie ist eine Abart der Lochmaske. Der gegenüber der Lochmaske insgesamt geringere Materialaufwand wirkt sich günstig auf die Elektronendurchlässigkeit aus, was vorteilhaft für die Helligkeit des Bildes ist; die Farben erscheinen brillanter. Gleichzeitig bringt dieser geringere Materialeinsatz aber folgende Probleme mit sich: die Streifen verziehen sich bei größeren Halterungsabständen — bedingt durch die Bildschirmgröße —, und es besteht eine gewisse Erschütterungsempfindlichkeit. Deshalb wurden bisher in der Regel kleinere, meist tragbare Fernsehgerätetypen mit derartigen Röhrensystemen ausgestattet *(Abb. 8).*

Nach diesem kurzen Ausflug in das Gebiet des Farbfernsehens wollen wir jedoch wieder zur Farbbildung bei den flüssigen Kristallen zurückkehren bzw. zur Ausgangsfrage: Wie entsteht Farbe?
Grundsätzlich können Farben wie in Abbildung 4 entstehen, wenn verschiedene Wellenlängen absorbiert, reflektiert oder durchgelassen werden. In *Abbildung 9* erreichen nur die roten Wellenlängen das Auge des Betrachters hinter dem Glas. Doch Farben können auch unter anderen Bedingungen entstehen: die Farben bei Seifenblasen oder bei dünnen Ölschichten beispielsweise kommen ganz anders zustande. Diese Farben nennt man in der Physik: „Farben dünner Plättchen". Und zwar deshalb, weil das Licht auf der Ober- und Unterseite der dünnen Schicht reflektiert wird *(Abb. 10).*

Das geschieht folgendermaßen: Ist der Abstand zwischen Ober- und Unterseite extrem klein — ist die Schicht also „dünn" —, so sind die Wellenlängen des Lichtes von Bedeutung.

In *Abbildung 11* können sich beim Abstand A die an der Unterseite reflektierten Wellen mit den an der Oberseite reflektierten Wellen so überlagern, daß eine Verstärkung erfolgt. In unserem Beispiel A trifft dies für die Wellenlänge Blau zu, im Beispiel mit dem Abstand B für die Wellenlänge Rot. Andere Wellenlängen werden bei diesen Abständen geschwächt: denn liegen sich Wellenbauch und Wellental gegenüber, vernichten sich diese Wellen. Sind aber die sich überlagernden Wellen, wie die Physiker sagen, *in Phase,* dann verstärkt sich diese Wellenlänge und damit die zugehörige Farbe. Die Ölschicht schillert in dieser Farbe, hervorgerufen durch *Interferenz* — durch Überlagerung der einzelnen Wellenlängen.

Welche Wellenlänge sich verstärkt, ist vom Abstand der beiden Ebenen abhängig. Bei Ölflecken und Seifenblasen ändert sich dieser Abstand durch die Einflüsse der Umgebung ständig, deshalb wechseln auch die Farben. Die Ebenen bilden sich bei Ölfilmen oder Seifenblasen durch eine bestimmte Anordnung der Moleküle. Die in der Flüssigkeit regellos vorhandenen Teilchen werden an den Grenzflächen durch Oberflächenkräfte ausgerichtet.

Flüssige Kristalle reagieren auch auf Druck

Beim flüssigen Kristall finden sich diese Ebenen geordneter Moleküle nicht nur an den Grenzschichten *(Abb. 12)*. Die langen Molekülketten ordnen sich zu Flächen, an denen Licht reflektiert wird. Die Wellen überlagern sich — ähnlich wie bei der Seifenblasenhaut — und Farben entstehen. Erwärmung verändert den Abstand dieser Ebenen — andere Wellenlängen verstärken sich und produzieren somit andere Farben. Auch über Druck auf flüssige Kristalle können die Ebenen verschoben werden. Diese möglichen Farbänderungen durch Druck oder auch durch elektrische, magnetische oder chemische Einwirkungen weisen schon auf zahlreiche Verwendungsmöglichkeiten der flüssigen Kristalle in verschiedenen Gebieten hin.

Flüssige Kristalle reagieren immer, wenn sich die Temperatur ändert. Wärme bzw. Kälte verschieben die Molekülebenen: dadurch verändert sich auch die Farbe. Die Kristalle sind in unserer Folie bei einer Umgebungstemperatur von etwa 28 Grad Celsius nahezu Grün. Die Wellenlänge Grün wird bei diesem Molekülebenenabstand verstärkt — sie findet Bedingungen wie sie in *Abbildung 11 A* dargestellt sind. Berühren Sie nun den flüssigen Kristall mit der Hand, wird er auf die Temperatur Ihrer Haut gebracht: auf knapp 30 Grad Celsius. Durch diese Wärmebewegung verändert sich die Lage der Ebenen, so daß die Wellenlänge Blau jetzt die Bedingungen vorfindet, die eine Verstärkung dieser Farbe erlauben — der flüssige Kristall erscheint blau. Dieser Vorgang ist *reversibel,* das heißt: bei Abkühlung nehmen die Ebenen ihre Ausgangslage und der flüssige Kristall damit seine ursprüngliche Farbe wieder an. Der flüssige Kristall kann so empfindlich gemacht werden, daß über die Farbverschiebungen Temperaturänderungen von einem Zehntel Grad Celsius gemessen werden können.

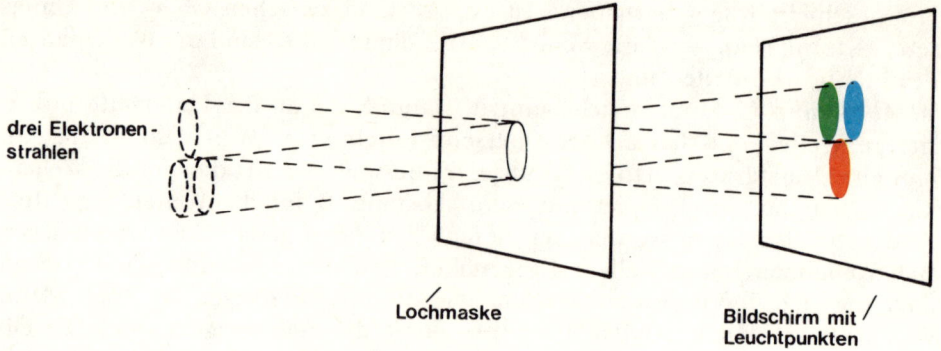

Abb. 6: Farbbildungsprinzip beim Farbfernsehen

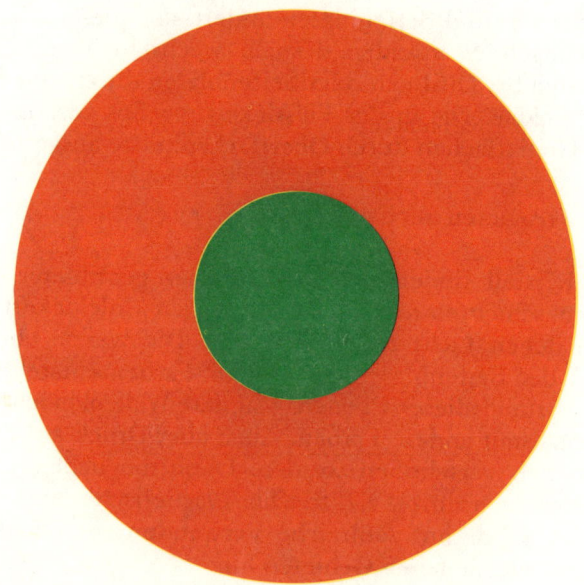

Abb. 7: Beispiel für das Verschwimmen von Farben

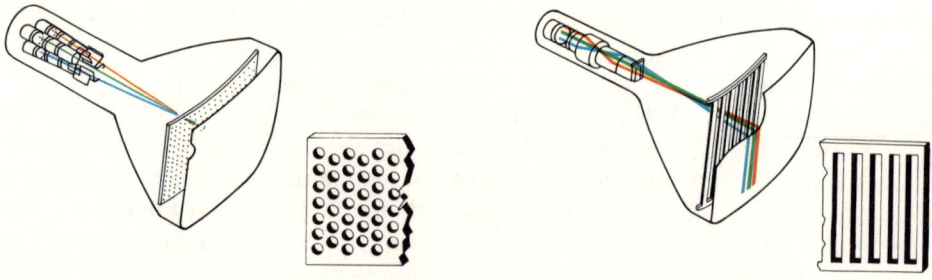

Abb. 8: Unterschiedliche Farbfernsehsysteme: links Lochmaske, rechts Streifenmaske

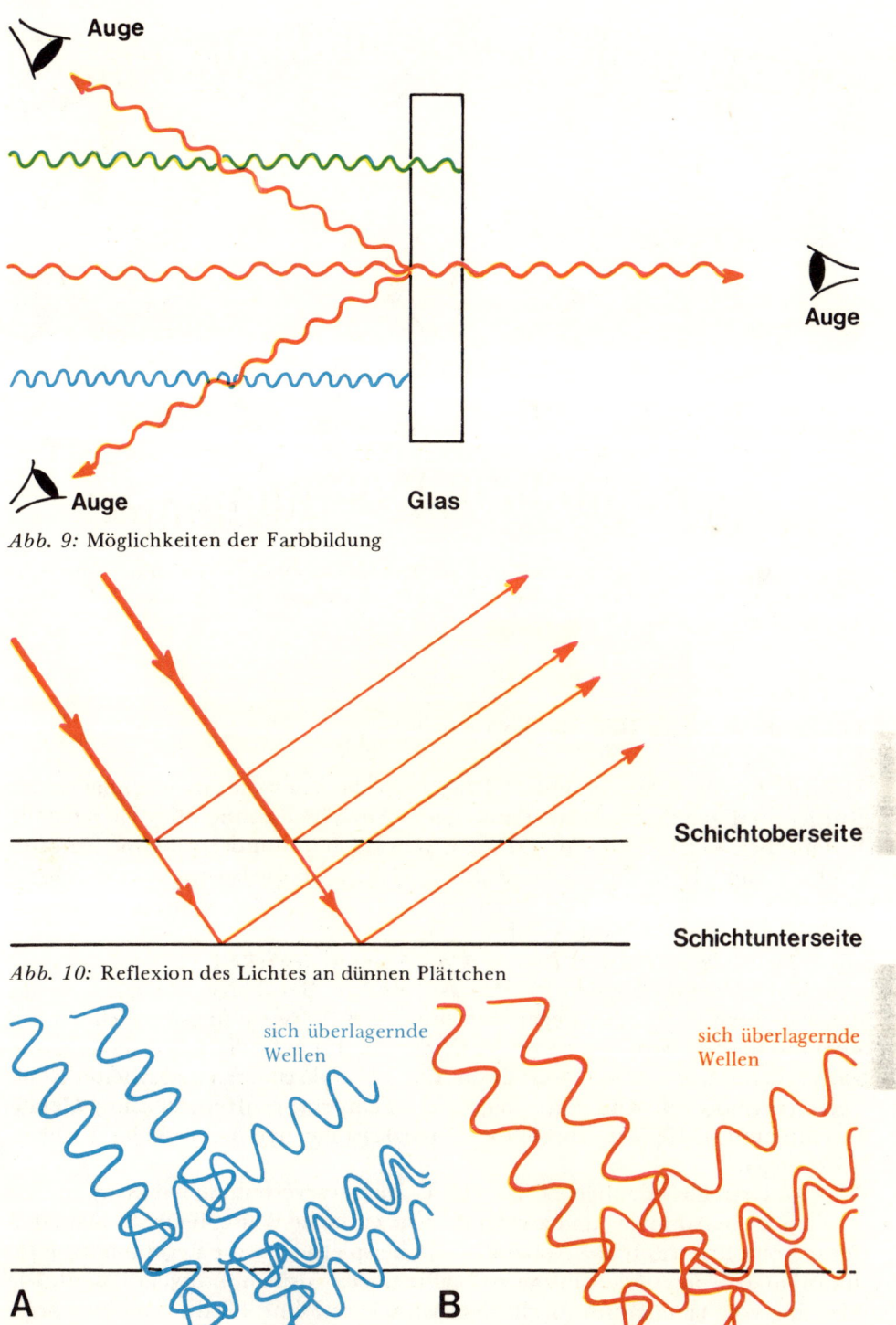

Abb. 9: Möglichkeiten der Farbbildung

Abb. 10: Reflexion des Lichtes an dünnen Plättchen

Abb. 11: Verstärkung von Blau und Rot durch Überlagerung

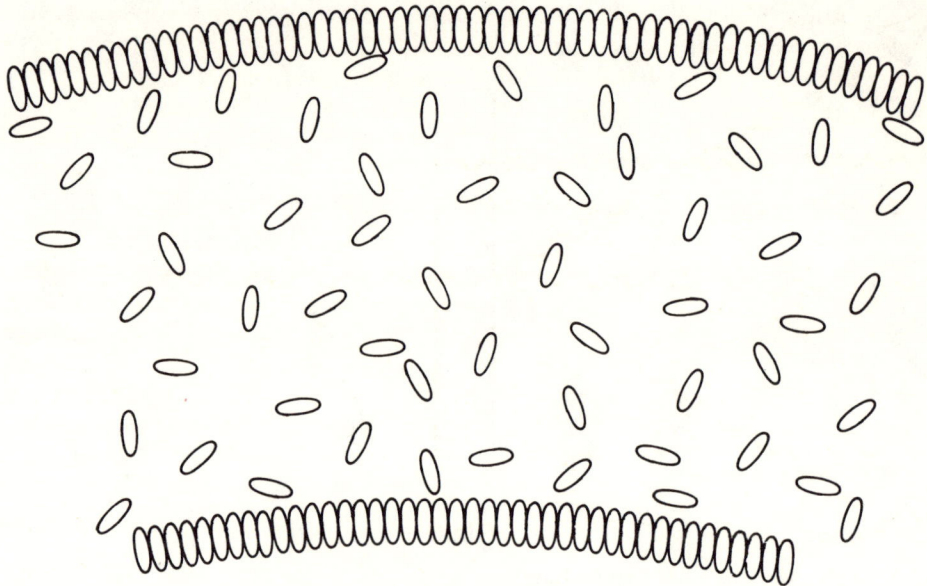

Abb. 12: Querschnitt einer Seifenblasenhaut. Die Moleküle lagern sich an der Ober- und Unterseite geordnet aneinander. Wenn die Seifenblasenhaut gestreckt wird, füllen Moleküle aus dem Innern die Lücken auf

Flüssige Kristalle als Hilfe für die Medizin

Mediziner müssen für bestimmte Diagnosen die Temperaturverteilung an der Körperoberfläche eines Patienten kennen. Auch hier können flüssige Kristalle helfen. Bei Versuchen, mit flüssigen Kristallen thermographische Untersuchungen der Hautoberfläche durchzuführen, beispielsweise um Krebsgeschwülste in der weiblichen Brust zu erkennen, wurden früher die Kristalle als Tinktur auf die Brust gesprüht.
Diese Methode wurde von *Prof. Tricoire* weiterentwickelt, er schuf die sogenannte *Plattenthermographie.* Das Aufsprühen der Flüssigkristalle, das für den Patienten lästig und wegen der einmaligen Verwendungsmöglichkeit unökonomisch ist, wird bei dieser Methode durch eine „Platte" ersetzt, in die nach einem besonderen Verfahren die Flüssigkristalle eingearbeitet sind. Diese thermographische Platte registriert Temperaturdifferenzen und Gefäßverläufe mit Hilfe der durch die Flüssigkristalle hervorgerufenen Farbveränderungen.
Flüssige Kristalle erlauben es also, die Temperaturverteilung von Körperoberflächen zu bestimmen, und zwar auf recht einfache Weise, bedenkt man, daß sonst komplizierte, teure Apparate, wie beispielsweise die herkömmliche Infrarotkamera mit tiefgekühlten Aufnahmemechanismen, notwendig sind. Die Messung von Temperaturoberflächen ist, wie erwähnt, für die Krebsvorsorgeuntersuchung wichtig, aber auch für Schilddrüsenuntersuchungen und für das Diagnostizieren von Durchblutungsstörungen *(Abb. 13).*

Es ist bekannt, daß viele bösartige Geschwülste durch im einzelnen noch nicht überschaubare Stoffwechselvorgänge und eine besondere Durchblutungssituation eine lokal erhöhte Temperatur besitzen.
Bei der Plattenthermographie wird die in einen Rahmen gespannte Platte, in der die flüssigen Kristalle enthalten sind, zur Untersuchung dem betreffenden Körperteil angelegt. So entsteht in wenigen Sekunden ein thermisches Bild. Anhand dieses Wärmebildes kann der Arzt die Diagnose stellen.

Für eine unkomplizierte Geburt ist es wichtig, die Lage des Kindes im Mutterleib zu kennen. Um ein Bild des ungeborenen Kindes zu erhalten, wurden bis heute meist Ultraschallgeräte eingesetzt. Dieses Ultraschall-Diagnostikgerät besteht aus einem Meßkopf – dem *Applikator* – und einem Sichtgerät mit einem Bildschirm. Der Applikator sendet Ultraschallimpulse aus und empfängt die Impulsechos. Auf dem Bildschirm des Sichtgerätes entsteht so ein Querschnittsbild. Diese Methode benötigt jedoch aufwendige Apparaturen.
Weniger Aufwand erfordert auch hier die Anfertigung eines Wärmebildes mit der oben beschriebenen Plattenthermographie *(Abb. 14)*.

Eine Kamera sieht Wärme

Der flüssige Kristall reagiert aber nicht nur auf engen Kontakt mit einer Wärmequelle, sondern auch auf Wärmestrahlung, die aus elektromagnetischen Wellen im Infrarotbereich besteht. Diese Wellen sind für unser Auge unsichtbar, sie werden aber von den Sensoren auf unserer Haut gespürt. Man kann diese Strahlung auch sichtbar machen. Dazu sind Elemente notwendig, die zunächst die Infrarotwellen – die Wärmestrahlen – in elektrische Spannungen umwandeln.
Dabei wird, ähnlich wie bei einem Fernsehbild, die zu untersuchende Fläche abgetastet. Eine Elektronik verwandelt die unsichtbare Wärmestrahlung in sichtbare Wellenlängen.
Dieses Verfahren benötigt komplizierte und teure Apparate wie die Infrarot-Kamera. Sie wird heute, wie wir gesehen haben, bei der Krebs-Vorsorgeuntersuchung eingesetzt. Mit einem Preis von einigen 10.000 DM je Stück kann sich natürlich nicht jedes Krankenhaus diese Anschaffung leisten. Mit flüssigen Kristallen könnte man theoretisch eine einfache IR-Kamera bauen, Voraussetzung: es müßte eine hochempfindliche Folie mit flüssigen Kristallen zur Verfügung stehen. Über diese ließe sich die Wärmestrahlung direkt, also ohne aufwendige elektronische Apparaturen, farbig sichtbar machen.

Mit der beigelegten Folie und einer Lampe können Sie folgenden Versuch machen: richten Sie die Lampe auf die Folie; die Lampe strahlt dicht neben den Wellenlängen im sichtbaren Bereich auch Wellenlängen im unsichtbaren Infrarotbereich – also Wärmestrahlung – ab. Die flüssigen Kristalle reagieren darauf durch Farbänderung; der Lichtkegel wird auf dem flüssigen Kristall abgebildet: die unsichtbaren Infrarotwellen werden dadurch sichtbar. Die flüssigen Kristalle ersparen also die aufwendige elektronische Apparatur der herkömmlichen Infrarot-Kamera.

Eine Infrarot-Kamera mit flüssigen Kristallen würde nur aus einer Folie bestehen: eine phantastische Vereinfachung. Es gibt bereits Laborversuche mit dem Ziel, diese Kamera zu verwirklichen.

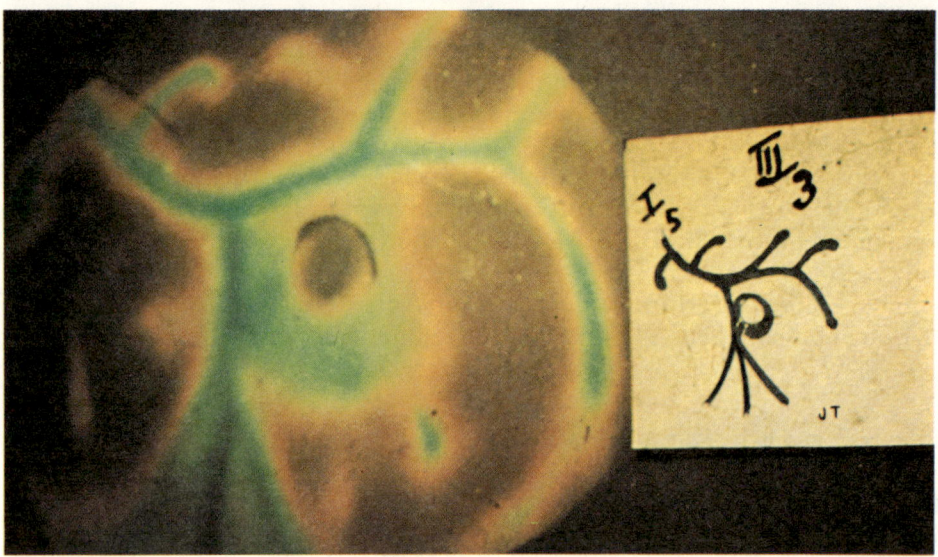

Abb. 13: Wärmebild einer weiblichen Brust (aufgenommen mit Hilfe der Plattenthermographie)

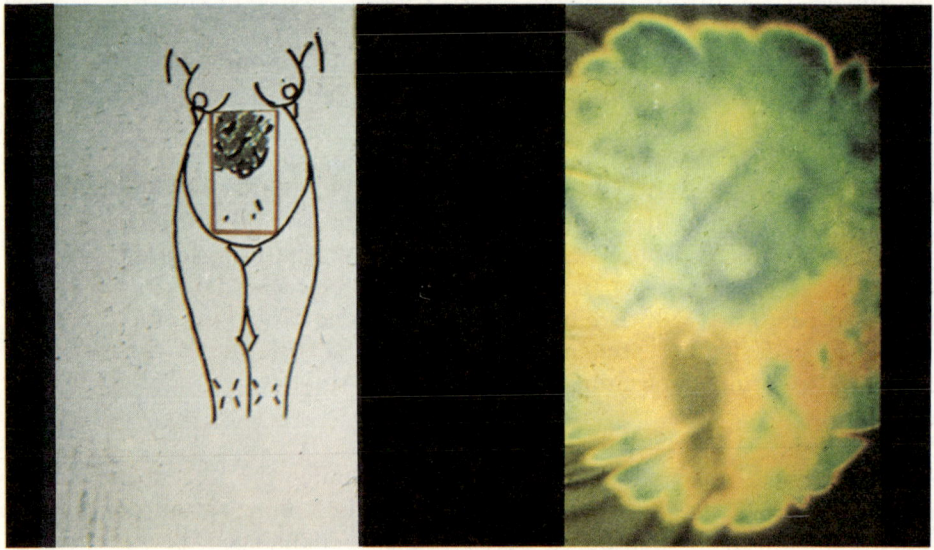

Abb. 14: Schwangerschaftsuntersuchung mit Hilfe von flüssigen Kristallen (Plattenthermographie)

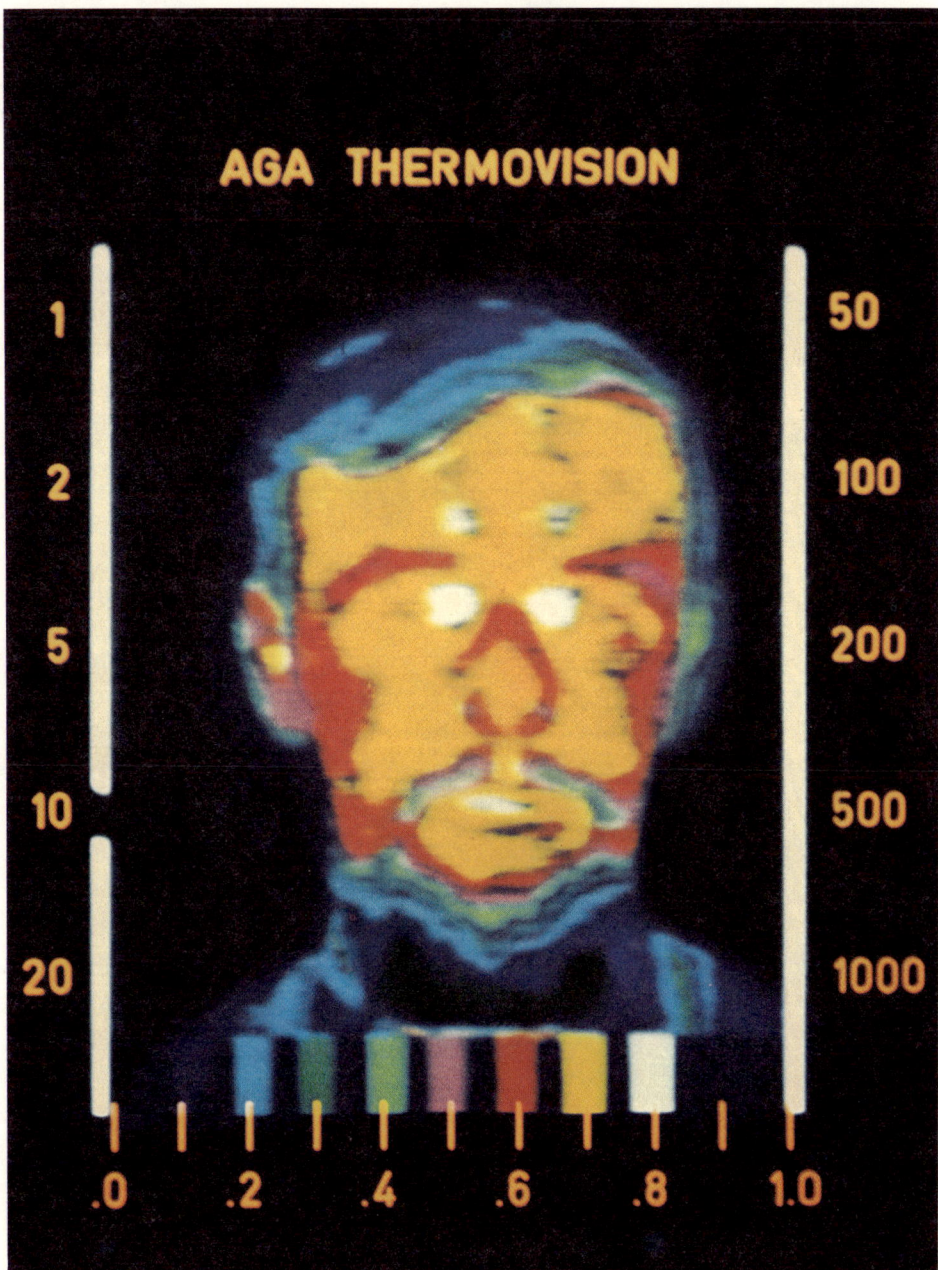

Abb. 15: Das farbige Thermogramm eines Gesichts zeigt die unterschiedliche Temperatur der Haut in acht Abstufungen. Dieses Bild wurde im Gegensatz zu den Abbildungen 13 und 14 mit einer herkömmlichen Infrarotkamera (vgl. Kap. 3) aufgenommen. Dabei wird der Wärmestrahlen abgebende Körper über ein Spiegelsystem zeilenweise abgetastet. Das Bild entsteht auf dem Schirm einer Oszillographenröhre, von der es abfotografiert wird. Die Farbe ist jeweils nur durch ein spezielles Aufnahmeverfahren den einzelnen Zonen zugeordnet. Das Bild auf dem Schirm selbst ist schwarzweiß.

Im Augenblick existieren nur Vorstufen dieser IR-Kamera. Ist die Entwicklung jedoch einmal abgeschlossen, werden IR-Kameras zur Verfügung stehen, die weitaus billiger sein werden als die herkömmlichen Kameras. Sie könnten da eingesetzt werden, wo es bisher der Preis verbot. Mehr Krankenhäuser wären dann zu einer optimalen Krebsvorsorgeuntersuchung in der Lage.

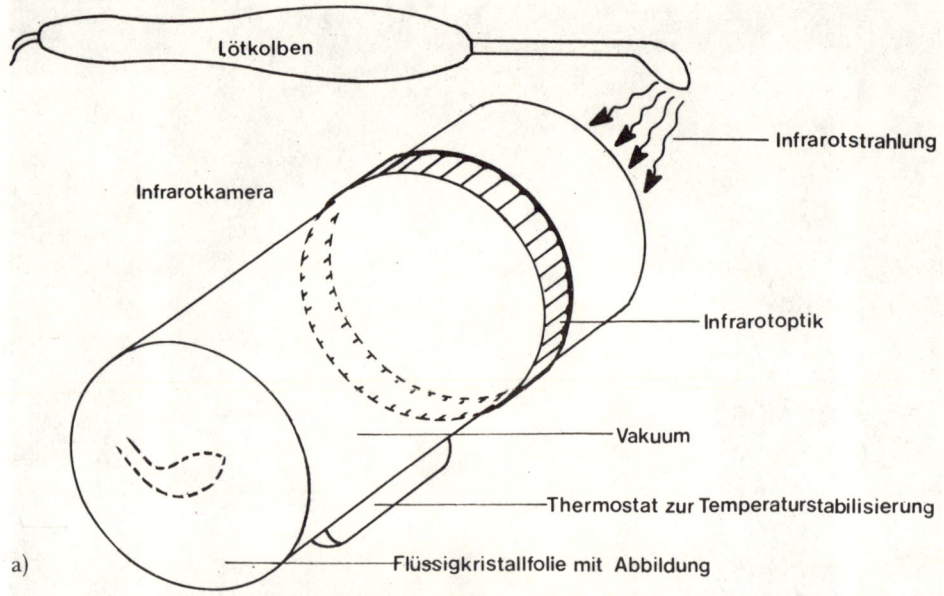

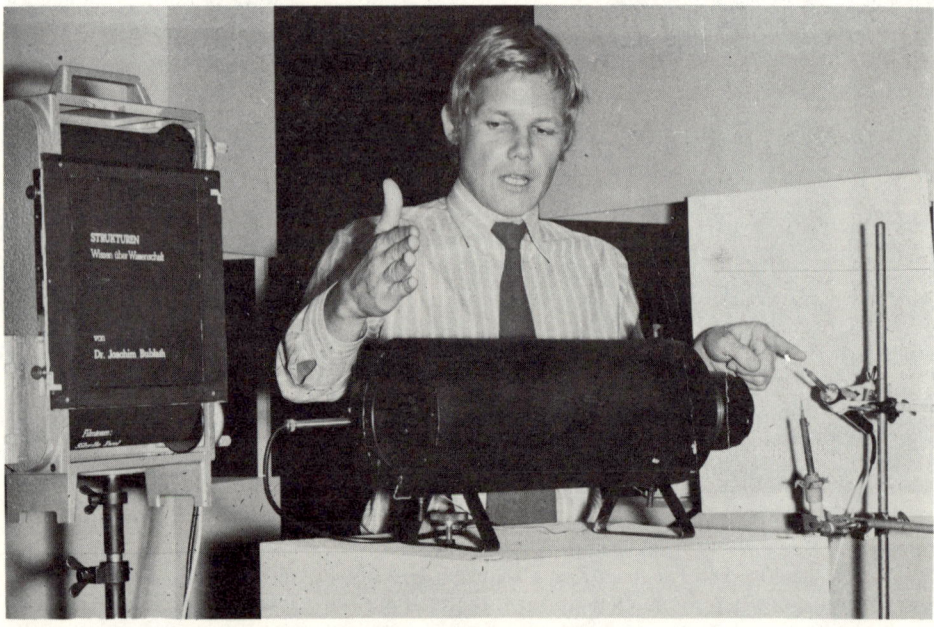

Abb. 16: a) Konstruktion einer Infrarot-Kamera mit Flüssigkristallfolie; b) Prototyp einer Infrarot-Kamera mit flüssigen Kristallen

Fehlersuche in Material und Elektronik

Eine Störung im Aufbau eines Festkörpers ist ein Materialfehler. Die Wärme zum Beispiel wird an diesen Stellen nicht mehr gut weitergeleitet; denn Wärmeleitung heißt ja nichts anderes als Weitergabe von Molekülschwingungen, von kinetischer Energie. An einem Materialfehler entsteht ein Wärmestau *(Abb. 17)*. Die Störungen im Innern eines Festkörpers sind von außen nicht ohne weiteres auszumachen.
Über den Wärmestau aber werden sie sichtbar. Setzt man das Material der Wärme aus, so werden Strukturstörungen und Materialfehler einfach durch Temperaturmessungen erkennbar.
Die Temperatur wird durch Auftragen der flüssigen Kristalle auf das Prüfmaterial festgestellt. Dem Material wird anschließend Wärme zugeführt, so daß sich der Materialfehler an der Stelle des Wärmestaus durch Farbänderung zeigt.
Auch die Fehlersuche bei miniaturelektronischen Schaltungen wird mit flüssigen Kristallen ganz erheblich erleichtert. Normalerweise wird ein Fehler durch Abtasten der einzelnen Leiterstrecken gesucht.

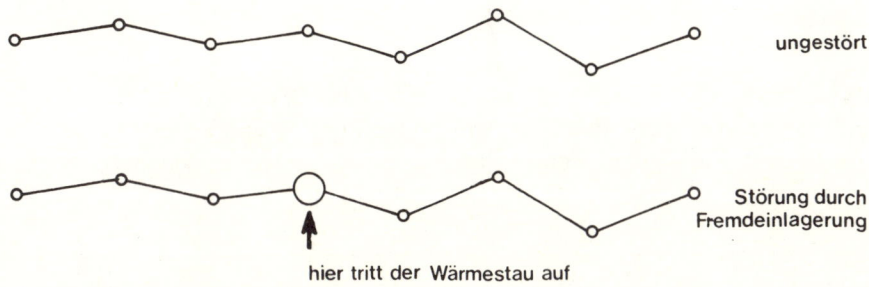

Abb. 17: Molekülkette mit Störung der Wärmeleitung

Mit flüssigen Kristallen geht das viel einfacher: ist ein Kurzschluß entstanden, wird im Bereich dieses Kurzschlusses eine andere Temperatur vorhanden sein als in der Umgebung. Diese Temperaturveränderung, sichtbar gemacht durch die flüssigen Kristalle, verrät das fehlerhafte Element sofort. Die flüssigen Kristalle können mit Sprühdosen aufgetragen werden und damit auch schwer zugängliche Stellen erreichen.
Beispiele: Der Kurzschluß im elektronischen System einer strategischen Minuteman-Rakete wurde mit flüssigen Kristallen lokalisiert. Die Boeing-Werke benutzen die flüssigen Kristalle für ihre Routineuntersuchungen in elektronischen Systemen von Flugzeugen und Flugkörpern. Sicher werden sich die flüssigen Kristalle hier noch stärker durchsetzen, eben weil Materialuntersuchungen erheblich vereinfacht werden können.
Anwendungsmöglichkeiten der flüssigen Kristalle auch in anderen Bereichen gibt es genug: Autokonstrukteure zum Beispiel sind häufig bemüht, den Luftwiderstand der Fahrzeuge zu verringern. Bisher wurde der Luftwiderstand so getestet: auf der Fahrzeugoberfläche wurden Papierschnitzel angebracht, die im Windkanal die Richtung und den Verlauf des Luftstroms

zeigten. Ein genaueres Bild erhalten die Konstrukteure jedoch mit Hilfe von flüssigen Kristallen. Sie machen die von der Strömung durch Reibung erzeugte Wärme über Farben sichtbar.
Auch in die Haushalte halten die flüssigen Kristalle, in Zahlenthermometern verwendet, ihren Einzug.

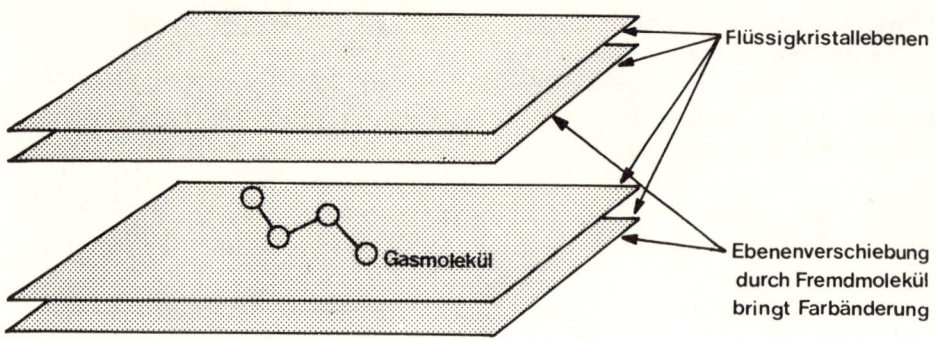

Abb. 19: Prinzip der Gasanalyse mit flüssigen Kristallen

Mischt man die flüssigen Kristalle mit einer Fremdsubstanz, so bewirken molekulare Wechselwirkungen Änderungen der Molekülebenen und damit beobachtbare Farbänderungen. Das kann zum Beispiel bei Strukturanalysen verschiedener Substanzen genutzt werden *(Abb. 18):* jeder dieser Farb-

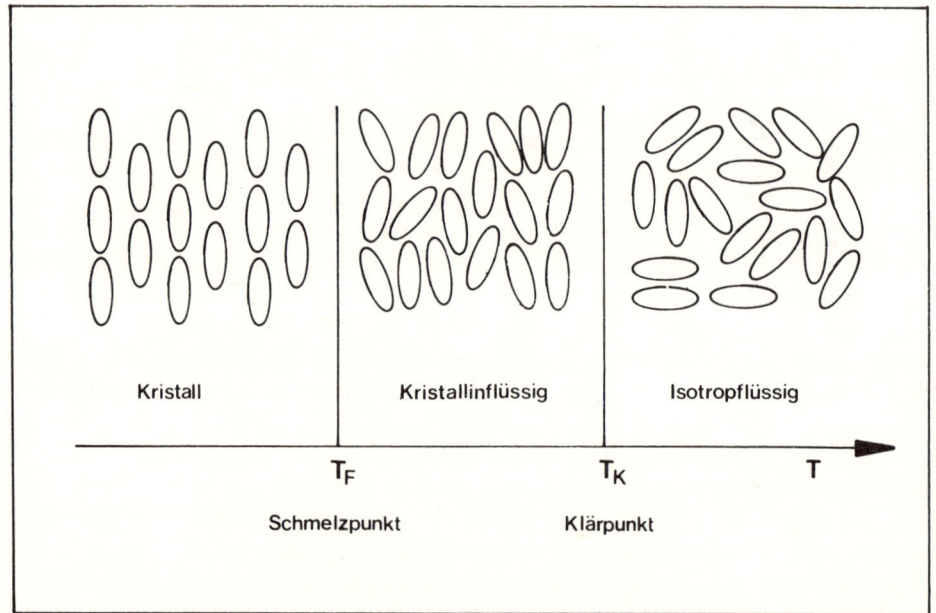

Abb. 20: Zustandsmöglichkeiten einer Substanz in Abhängigkeit von der Temperatur

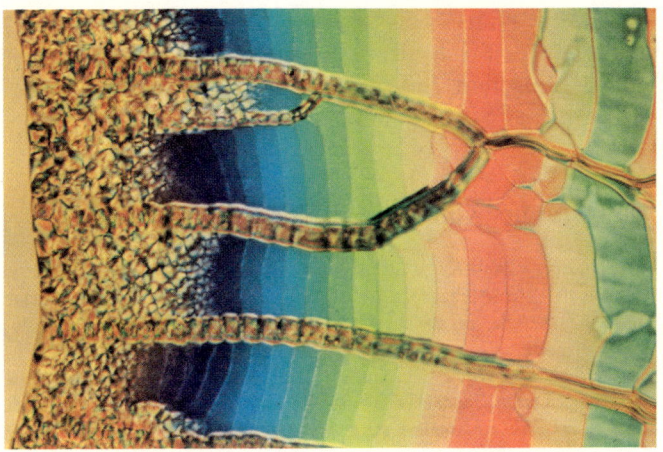

Abb. 18: Anwendung der flüssigen Kristalle in der analytischen Chemie

streifen der Abbildung 18 zeigt eine gleiche Molekülzahl an. Die Farbstreifen sind gegeneinander stufenweise abgesetzt, was darauf hindeutet, daß sich die Molekülzahl diskontinuierlich ändert.

Die Abstandsänderung durch molekulare Kräfte ist in verschiedenen Substanzen unterschiedlich. Die Farbe des flüssigen Kristalls ändert sich schon bei geringen Molekülkonzentrationen und bietet damit die Möglichkeit, diesen Effekt zur *Gasanalyse* heranzuziehen: es können also gefährliche Gase per Farbe sichtbar gemacht werden *(Abb. 18).*

Es sind noch viele Anwendungen flüssiger Kristalle denkbar. Im allgemeinen läuft die Farbbildung jedoch komplizierter ab, als hier dargestellt: sie kann auf einen physikalischen Vorgang, nämlich auf die Änderung der molekularen Ordnung, zurückgeführt werden. Vielleicht hilft dem Leser unsere vereinfachte Darstellung der Farbbildung bei den flüssigen Kristallen, neue und zweckmäßige Anwendungen zu entdecken. Wer experimentieren möchte: flüssige Kristalle gibt es zum Beispiel bei der Firma Omnitechnik (vgl. S. 135).

Flüssige Kristalle – chemisch betrachtet

Flüssige Kristalle sind organische Substanzen, die aus langen Molekülketten bestehen. Damit liegt der flüssige Kristall von seiner molekularen Ordnung her betrachtet, wie erwähnt, zwischen Kristallen und Flüssigkeit und zeigt damit ein bestimmtes Verhalten *(Abb. 20).*

Der flüssige Kristall ist natürlich wie jede Materie bei einer bestimmten Temperatur fest, flüssig oder gasförmig. Daneben gibt es aber einen Zwischenzustand, der anders als bei den normalen Stoffen über einem bestimmten breiten Temperaturbereich zwischen der Erscheinungsform fest und flüssig liegt (fest und flüssig als Ordnungsbegriff).

Grundsätzlich: der Aggregatzustand des flüssigen Kristalls ist der einer Flüssigkeit. Eine Flüssigkeit weist aber den Halbphasenbereich nicht auf. Dieser Halbphasenbereich wird durch Umwandlungspunkte begrenzt. Oberhalb einer bestimmten Temperatur ist der Aufbau regellos wie bei einer wirklichen Flüssigkeit, unterhalb davon erhält man eine stärker geordnete flüssigkristalline Phase. Die flüssigen Kristalle sind, wie schon erwähnt, organische Substanzen. Sie besitzen nicht nur lange Molekülketten, sondern auch — wie bei organischen Substanzen üblich — ebenso lange Namen *(Abb. 25)* zeigt einige dieser Substanzen).

Drei Gruppen von flüssigen Kristallen

Die flüssigen Kristalle werden in drei Gruppen eingeteilt: smektisch, nematisch, cholesterinisch. Diese etwas ungewöhnlichen Namen gaben deutsche Wissenschaftler den flüssigen Kristallen, als sie in den zwanziger Jahren die Grundlagenforschung auf diesem Gebiet betrieben.
Smektisch ist vom griechischen Wort für Seife abgeleitet und beschreibt eine Ordnung im flüssigen Kristall, die die Moleküle in einer Seifenlauge einnehmen können. Bei den smektisch flüssigen Kristallen sind die Moleküle Seite an Seite angeordnet und bilden einzelne Lagen. Diese Lagen sind gegeneinander verschiebbar und geben dadurch dem smektischen flüssigen Kristall das äußere Erscheinungsbild einer Flüssigkeit (Abb. 21).

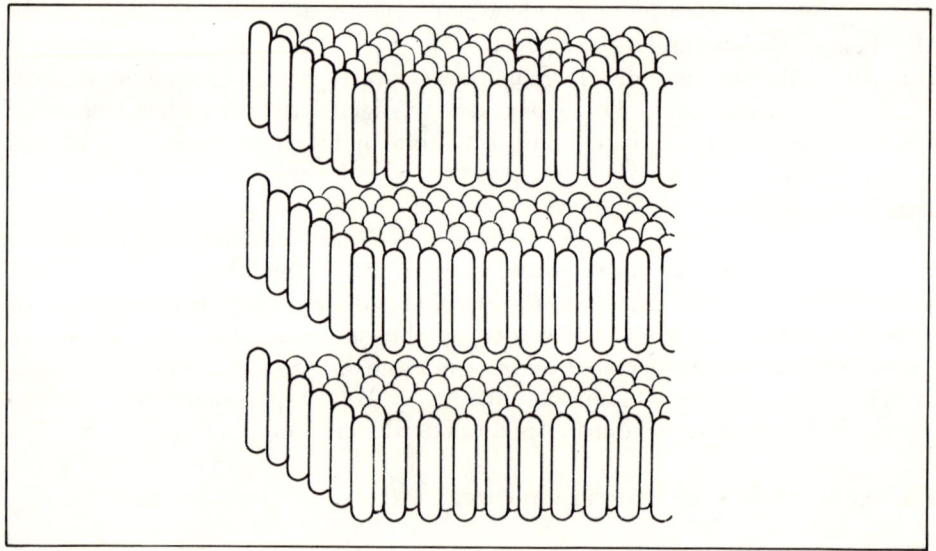

Abb. 21: Innere Ordnung des smektischen flüssigen Kristalls

Nematisch stammt vom griechischen Wort für Faden. Die Moleküle sind hier mit ihren Längsachsen parallel geordnet, aber es bilden sich keine Lagen wie bei den smektischen flüssigen Kristallen aus; sie sind weniger exakt als diese geordnet. Die Moleküle können sich entlang ihrer Längsachsen frei bewegen und auch um diese frei rotieren (Abb. 22).

Der Name für die cholesterinischen flüssigen Kristalle wurde gewählt, weil deren molekulare Struktur charakteristisch für viele Abkömmlinge des Cholesterins ist. Wie im smektischen flüssigen Kristall sind auch hier die Moleküle in einzelnen Lagen vorhanden. In diesen Lagen weisen die Moleküle aber eher die Ordnung eines nematischen flüssigen Kristalls auf. Diese Lagen sind im cholesterinischen flüssigen Kristall sehr dünn: in der einzelnen Lage sind die Moleküle parallel zueinander angeordnet. Die Richtung dieser Längsachsen ist bei den einzelnen Lagen unterschiedlich ausgerichtet; die Lagen sind gegeneinander verdreht (Abb. 23).

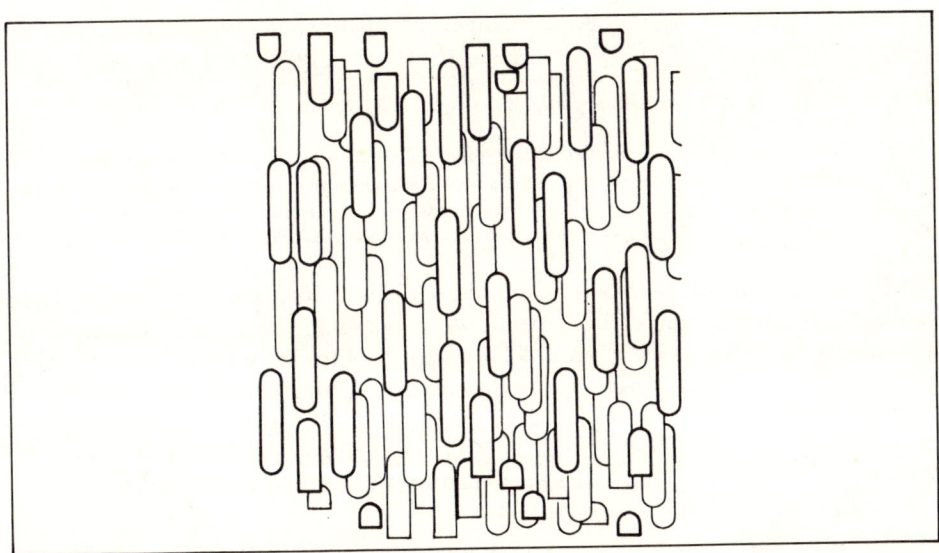

Abb. 22: Innere Ordnung des nematischen flüssigen Kristalls

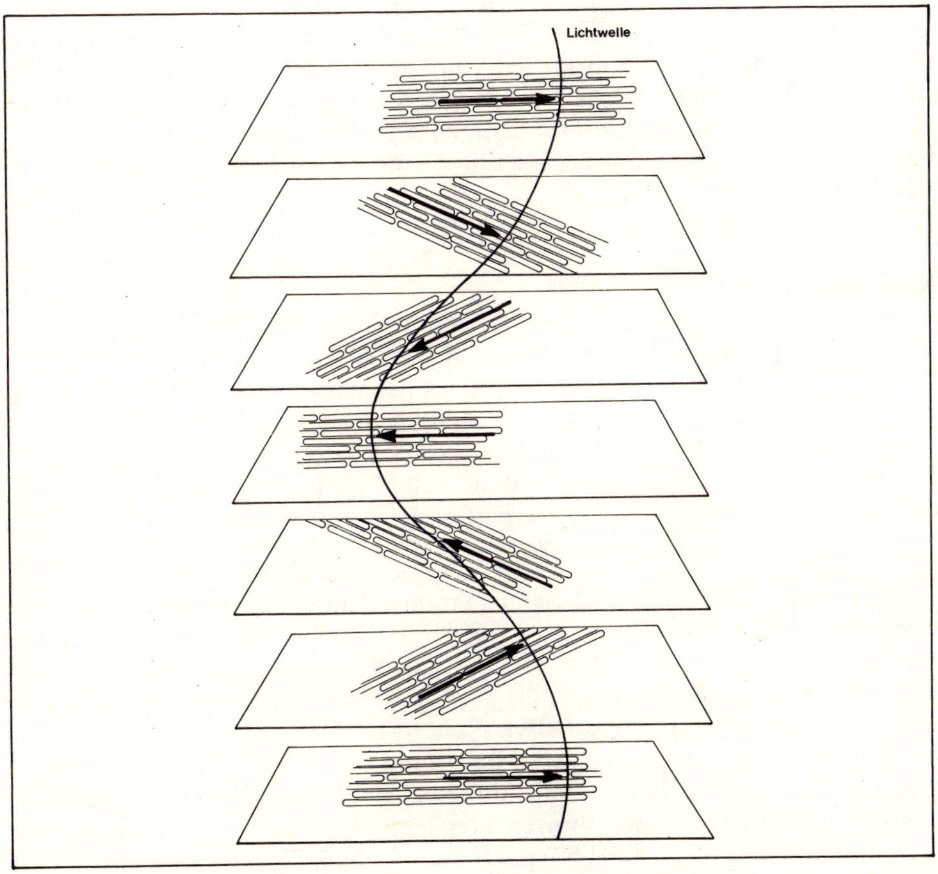

Abb. 23: Innere Ordnung des cholesterinischen flüssigen Kristalls

In allen drei Gruppen des flüssigen Kristalls ist eine bestimmte Ordnung vorhanden. Sie entspricht nicht der Ordnung, die in einem Kristall zu beobachten ist: hier sind die kleinsten Teilchen in einem dreidimensionalen Gitter festgelegt, in dem sich einzelne Teilchenanordnungen (Zellen) periodisch wiederholen (Abb. 24).

Die flüssigen Kristalle besitzen also keine sich wiederholende Gitterstruktur, wie sie im Kristall vorhanden ist. In gewissen abgegrenzten Bereichen werden die Moleküllängsachsen parallel zueinander orientiert; diese Vorzugsorientierung kennzeichnet diesen Zustand zwischen Kristall und Flüssigkeit und verursacht das optische Verhalten des flüssigen Kristalls.

Die flüssigen Kristalle wurden schon im vorigen Jahrhundert entdeckt. 1888 beobachtete der Österreicher *Reinitzer* die „Halbphase" bei Cholesteryl-Benzoaten zwischen 145°C und 179°C. In diesem Temperaturbereich sieht die Substanz wie eine milchige Flüssigkeit aus. Unter 145°C ist sie ein fester Körper, oberhalb 179°C eine klare Flüssigkeit. Bei der Umwandlung von einer Phase in die andere ändern sich die physikalischen Eigenschaften sprunghaft, wie zum Beispiel der Brechungsindex, die Viskosität oder die Dielektrizitätskonstante.

Ursache dieser sich ändernden physikalischen Eigenschaften ist die sich ändernde Ordnung der Teilchen in den einzelnen Phasen. Viele Theoretiker versuchten dieses ungewöhnliche Verhalten in den folgenden Jahrzehnten zu erklären. In den dreißiger Jahren erreichten die Arbeiten auf diesem Gebiet ihren Höhepunkt. Neue Substanzen wurden entwickelt, die diese Halbphase vorwiesen. Dann aber erlosch das Interesse an diesem Forschungsprojekt. Einmal waren grundlegende Probleme zum größten Teil gelöst — andere Gebiete wurden modern —, zum anderen sah man damals keine technische Anwendung für diese Substanzen.

Neuer Start in den USA

Erst in den sechziger Jahren — nach 40jähriger Pause —, als durch die stürmische Entwicklung der Festkörperphysik das Wissen über molekulare Strukturen für vielfältige technische Anwendungen wichtig wurde, begannen Wissenschaftler, vor allen Dingen in den USA, das Forschungsgebiet der flüssigen Kristalle wieder aufzugreifen. Neue Substanzen wurden entwickelt, die mit ihren Halbphasen innerhalb des Temperaturbereichs von etwa — 20°C bis 300°C lagen *(Abb. 25)*.

In diesen Temperaturintervall ist die Zimmertemperatur eingeschlossen und damit ergab sich ein Wendepunkt in der Beurteilung der technischen Anverwendungsmöglichkeiten für die flüssigen Kristalle. Jetzt waren die aufwendigen Apparaturen unnötig, die ja vorher die Halbphasentemperatur zum Beispiel von 93 °C aufrecht erhalten mußten.

Technische Anwendung bedeutet fast immer: Betrieb bei Zimmertemperatur. In den letzten Jahren und Monaten wurden durch diese neuen Substanzen verblüffende Anwendungen möglich. Nicht nur in den USA und der Sowjetunion wird diese Forschung eifrig betrieben, sondern auch in Deutschland beschäftigen sich heute Wissenschaftler mit den flüssigen Kristallen.

Abb. 24: Eindimensionale Kristallordnung mit sich wiederholenden Ketten

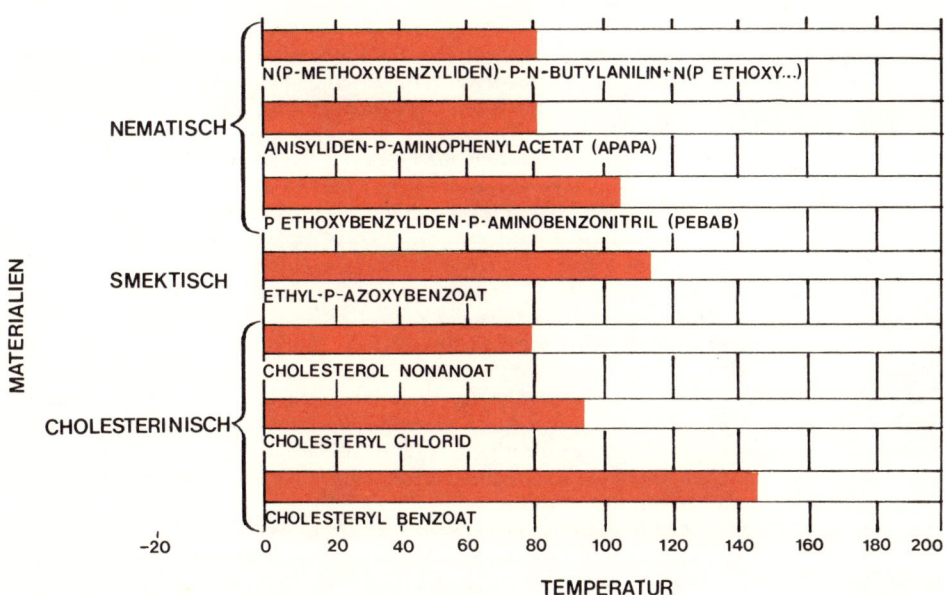

Abb. 25: Temperaturbereiche von flüssigen Kristallen

Abb. 26: Der nematische flüssige Kristall in der Flasche erscheint bei niedrigen Temperaturen undurchsichtig. Er wird durchsichtig, wenn er in warmes Wasser getaucht wird. — Die Streuzentren werden durch die Wärmebewegung zerstört.

Die cholesterinisch flüssigen Kristalle zeigen die Farbenreaktion. Sie besitzen auch die höchste Ordnung der Molekülketten, so daß das Licht gut interferieren kann. Die cholesterinisch flüssigen Kristalle bestehen aus Ebenen, die gegeneinander verdreht sind. In jeder Ebene liegen die Moleküle parallel zueinander. Die Moleküllängsachsen haben bevorzugte Orientierungen. Die Vorzugsrichtung jeder nächstfolgenden Ebene ist also gegenüber der vorausgehenden ein wenig gedreht.

Denkt man sich eine Achse senkrecht durch diese Stapel, so entsteht das Bild einer Schraubenlinie oder Helix. Die Ganghöhe dieser verschraubten Ebenen ist unterschiedlich, sie hängt von den einzelnen Substanzen und den äußeren Gegebenheiten ab. Die Verdrehung der Ebenen verursacht ein bestimmtes optisches Verhalten. Die Änderung dieser Verdrillung ist auch für die Farbänderung unserer Folie verantwortlich. Ändert sich diese Größe, so ist bei der Reflexion eine ganz andere Wellenlänge bevorzugt, eine ganz andere Farbe wird wahrgenommen. Denn eine andere Wellenlänge liegt jetzt mit ihren Maxima und Minima auf gleichen Ebenen. Diese Wellenlänge wird jetzt verstärkt.

Bei den an cholesterinischen Flüssigkristallen auftretenden Farben handelt es sich um Reflexionsfarben. Das läßt sich in einem Versuch zeigen: flüssige Kristalle werden zwischen zwei Glasplatten gebracht. Betrachtet man von oben diese Glasplatte, so erscheint sie grünlich-blau. Betrachtet man diese Glasplatte in der Durchsicht, so erscheint sie rot. Das heißt: die grün-blauen Farben werden bei diesem flüssigen Kristall reflektiert. Die Komplementärfarben, die in das langwellige Rot hineingehen, werden durchgelassen.

Die Farbbildung bei den cholesterinisch flüssigen Kristallen ist etwas komplizierter als hier dargestellt. Diese vereinfachte Erklärung läßt uns aber die Reaktionen des cholesterinisch flüssigen Kristalls verstehen und Anwendungsmöglichkeiten sehen. Die Ganghöhe und der Verdrillungswinkel sind stark wärmeabhängig. Sie lassen sich also durch Temperaturen steuern. Die Verdrillung läßt sich auch durch magnetische oder elektrische Felder beeinflussen. Die einzelnen Molekülketten sind elektrisch polarisierbar. Polarisierbar heißt, daß eine äußere angelegte Spannung die Elektronenverteilung der einzelnen Moleküle so beeinflußt, daß ein elektrischer Dipol entsteht.

Das bedeutet, daß die Molekülkette an ihren Seiten zwei entgegengesetzte Ladungen besitzt. Dieser Dipol kann auf die elektrische Spannung, auf das elektrische Feld, reagieren. Damit kann man den Abstand der einzelnen Molekülebenen, die Verdrillung der einzelnen Molekülebenen, ändern. Die Verdrillung der Molekülebenen ändern heißt, wie wir gesehen haben, die Farbe des flüssigen Kristalls ändern.

Ebenso kann die Verdrillung durch mechanische Einflüsse von außen geändert werden, oder durch Molekularkräfte, indem eine andere Substanz zum Beispiel durch Anziehungskräfte bei Mischung mit dem cholesterinisch flüssigen Kristall die Ebenen auseinanderdrückt.

Bilder und Ziffern

Noch ein Verhalten der flüssigen Kristalle ist für die technische Anwendung wichtig: die Ausbildung von Streuzentren.

Wir haben gesehen, daß die nematischen flüssigen Kristalle eine geringere Ordnung besitzen als die cholesterinischen. Bei nematischen flüssigen Kristallen ist eine Farbbildung nicht festzustellen. Diese Farbbildung kann nur bei cholesterinischen flüssigen Kristallen auftreten, weil nur diese ihre Moleküllagen in Helixform (Schraubenform) geordnet haben.

Aber etwas anderes liefern die nematischen flüssigen Kristalle: Wenn man einen nematischen flüssigen Kristall einer bestimmten Temperatur aussetzt, so kann dieser flüssige Kristall von seinem Zustand „undurchsichtig" zu dem optischen Zustand „durchsichtig" geführt werden *(Abb. 26)*. Wie läßt sich das erklären?

Wasser zum Beispiel ist durchsichtig, vorausgesetzt, die Moleküle haben keine Fremdteile eingelagert, deren Größe mit der Wellenlänge des sichtbaren Lichtes vergleichbar ist. Streut man jedoch Salz in das Wasser, werden damit solche Teilchen in das Wasser gebracht. Das Licht wird gestreut. Das Wasser erscheint uns undurchsichtig.

Bei den flüssigen Kristallen ist es möglich, daß sich die Molekülketten zu Bereichen zusammenlagern, die vergleichbar groß mit der Wellenlänge des sichtbaren Lichtes sind. Das gilt für nematische flüssige Kristalle. Führt man dem flüssigen Kristall Wärme zu, so werden diese Bereiche, diese Aneinanderlagerungen von Molekülketten, durch Wärmebewegung zerstört. Der flüssige Kristall erscheint uns durchsichtig. Solche Streuzentren haben einen Durchmesser in der Größenordnung von 0,2 µm. Im Vergleich dazu die Lichtwellenlänge: sie hat im Mittel 0,58 µm oder 5800 Å.

Diese Ausbildung der Streuzentren gelingt auch unter Anwendung von elektrischen Feldern: dazu legt man an den flüssigen Kristall eine elektrische Spannung. Die Ausbildung der Streuzentren soll sichtbar sein; deshalb nehmen wir Glas. Glas ist aber nicht elektrisch leitend. Die Oberfläche der Glasscheiben wird deshalb mit einer Substanz beschichtet, die einmal für das sichtbare Licht durchlässig und zum anderen elektrisch leitend ist (zinndioxyd erfüllt diese Bedingung). Jetzt kann die Spannung den flüssigen Kristall erreichen. Diese sogenannte Sandwich-Zelle hat als Begrenzung ebene Glasflächen; dazwischen befindet sich eine flüssig kristalline Schicht in einer Stärke von etwa 10 bis 200 µm *(Abb. 27)*.

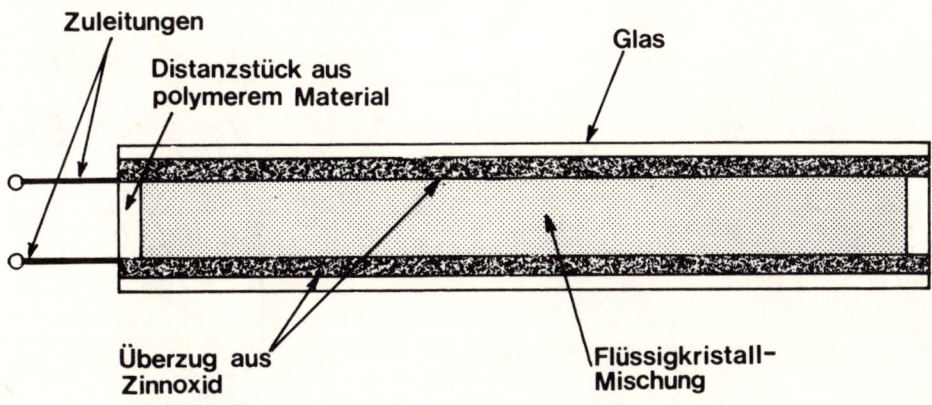

Abb. 27: Sandwich-Zelle mit Flüssigkristallen

Durch die Oberflächenkräfte an den Glasflächen richten sich die zigarrenförmigen Moleküle parallel zur Oberfläche aus. Sichtbares Licht kann bei dieser Ordnung den flüssigen Kristall passieren; die Sandwich-Zelle erscheint uns klar durchsichtig *(Abb. 28)*. Legt man eine elektrische Spannung an, so wird der flüssige Kristall milchig undurchsichtig. Was passiert dabei?

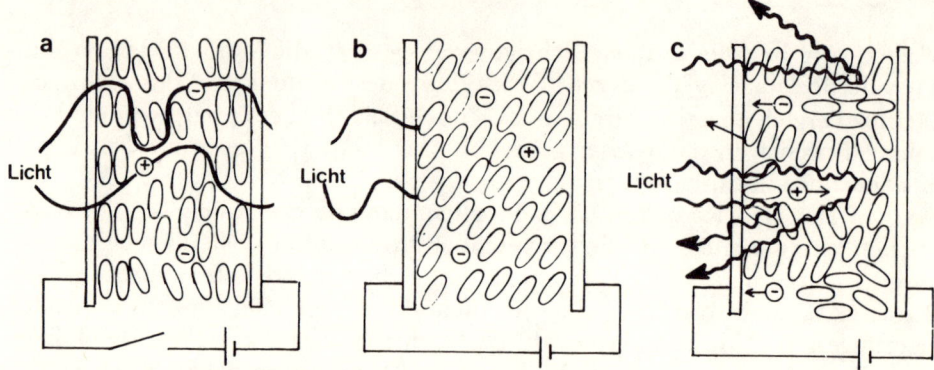

Abb. 28: Das Lichtverhalten der Sandwich-Zelle. a) durchsichtige Zelle; b) undurchsichtige Zelle; c) Streuzentren, die das Licht reflektieren

Einige nematische flüssige Kristallmoleküle haben ein Dipolmoment, das nicht in der Längsachse des Moleküls liegt. Dipolmoment heißt hier: es ist eine asymetrische Ladungsverteilung der Elektronenhüllen vorhanden, die dem Molekül auf der einen Seite einen Überschuß an negativen und auf der anderen Seite an positiven Ladungen gibt. Ein Molekül Sauerstoff ist oft für eine derartige inhomogene Ladungsverteilung oder für die Ausbildung von Seitenketten verantwortlich. Diese beiden Pole reagieren auf das angelegte äußere elektrische Feld so, wie es beispielsweise Elektronen tun würden. Die Moleküle richten sich gemäß dieser Ladungsverteilung aus (Abb. 29).

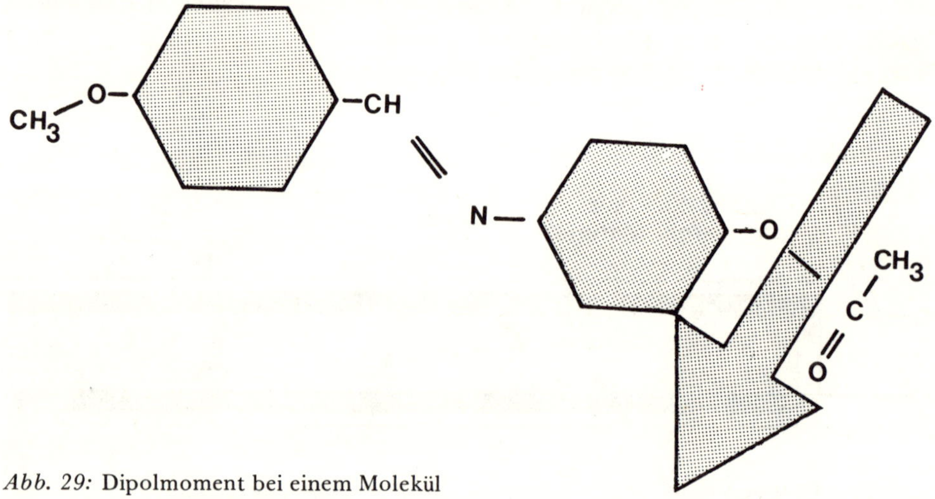

Abb. 29: Dipolmoment bei einem Molekül

Die Moleküle weichen mit ihren Längsachsen um einige Winkelgrade von der Richtung des elektrischen Feldes ab. Neben dem flüssigen Kristall befinden sich noch Verunreinigungen und Wasser in der Flüssigkeit, die Ionencharakter aufweisen, das heißt, die elektrisch geladen sind. Unter dem Einfluß des Feldes wandern die Ionen durch den flüssigen Kristall, treffen auf die Bereiche der geordneten Moleküle und zerstören die normale Parallelorientierung der Moleküle.
Es entstehen Zentren, die vergleichbar groß mit der Wellenlänge des sichtbaren Lichtes sind und die das Licht streuen. Der flüssige Kristall wird undurchsichtig. Die Größe dieser Streuzentren beträgt 1 bis 5 µm. Das ist 5- oder 10mal größer als die Wellenlänge des auftreffenden Lichtes. Deshalb wird die Streuung in diesem Bereich bei allen Wellenlängen festgestellt. Der Kontrast für eine 0,5 mm dicke Zelle variiert vom Verhältnis 7 : 1 bei 6 V bis zum Verhältnis 15 : 1 bei 60 V!

In diesen Streuzentren herrscht eine Turbulenz, ein ständiges Ausrichten der Molekülketten nach dem Feld und die Zerstörung dieser Ordnung durch die wandernden Ionen. Abbildung 30 zeigt diese Zentren, die man wegen der Bewegung auch dynamische Streuzentren nennt.

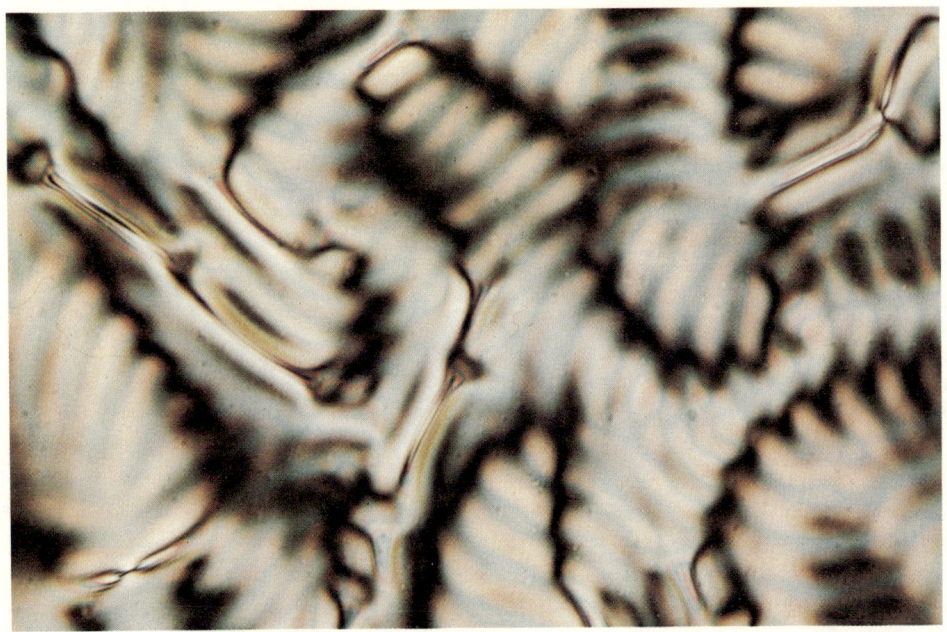

Abb. 30: Dynamische Streuzentren des flüssigen Kristalls unter dem Mikroskop

Wenn das elektrische Feld ausgeschaltet wird, können sich die Moleküle in ihrer alten Ordnung wieder aneinanderlagern. Dabei muß erwähnt werden, daß die Ionenwanderung nicht nur durch das Anlegen einer Gleichspannung erreicht wird. Sondern dynamische Streuzentren können auch durch Wechselspannung hervorgerufen werden. Die Ionen bewegen sich je nach der Frequenz des Wechselstromes hin und her und zerstören die Molekülbarrieren. Die Wechselstromfrequenz darf nicht zu hoch sein, weil die Trägheit der Ionen dann ihre Reaktion auf die ständige Umpolung nicht mehr erlaubt.
Sehr reine, also fremdionenfreie und außerdem sorgfältig getrocknete Proben zeigen kein dynamisches Streuen mehr. Das ist ein Beweis, daß Ionen an der dynamischen Streuung beteiligt sind. Die Lebensdauer von Flüssigkeitskristallzellen hängt mit der Anzahl von Fremdionen in der Substanz zusammen: je weniger Ionen, desto höher die Lebensdauer. Auf der anderen Seite sind Ionenwanderungen notwendig, um die dynamischen Streuzentren auszubilden.
Wie löst man diese Schwierigkeit? Man montiert auf die eine Seite der Sandwich-Zelle eine Metallscheibe, die Elektronen abgeben kann. Bei angelegter Spannung entweichen einige Elektronen von dieser Kathode in den flüssigen Kristall, wo sie dann von neutralen Molekülen aufgefangen werden. Diese Kombination aus Molekül und zugehörigem Elektron stellt nun ein negativ geladenes Gebilde dar, das zu der positiven Elektrode hingezogen wird. Dabei durchbricht es die Molekülbarrieren und bildet dynamische Streuzentren. Bei Erreichen der Anode gibt das Kombinationsgebilde das Elektron wieder ab und erhält wieder seine Neutralität. Ein solcher Prozeß würde Ionen liefern, ohne die Reinheit des flüssigen Kristalls wesentlich herabzusetzen. Das könnte auch eine höhere Lebensdauer für den flüssigen Kristall bedeuten.

Ein „Ventil" für das Licht

Wir wissen, daß Glas mit Zinndioxyd leitend gemacht werden kann, ohne daß seine Durchsichtigkeit darunter leidet. Wenn man nun dieses Zinndioxyd über die ganze Glasfläche bringt, so kann mit Hilfe der angelegten Spannung ein Glasfenster, in dessen Mitte sich der flüssige Kristall befindet, entweder durchsichtig oder undurchsichtig gemacht werden. Man kann eine solche Anordnung als Lichtventil benutzen. Dabei werden ganz geringe Ströme verbraucht. Das ist ein Vorteil dieser Anordnung *(Abb. 31)*.

Abb. 31: a) mit Zinndioxyd leitend gemachte Glasplatte; b) mit angelegter Spannung

Es ist möglich, das Zinndioxyd gezielt auf die Glasfläche zu bringen, das heißt, mit dem Zinndioxyd bestimmte Strukturen auf die Glasfläche zu zeichnen. Die dynamischen Streuzentren werden sich beim Anlegen der elektrischen Spannung nur zwischen diesen Zinndioxydstrukturen ausbilden. In dieser Region wird der flüssige Kristall das Licht reflektieren, das heißt, man kann, wenn eine Spannung anliegt, diese Zinndioxydstrukturen sichtbar machen *(Abb. 32)*.

 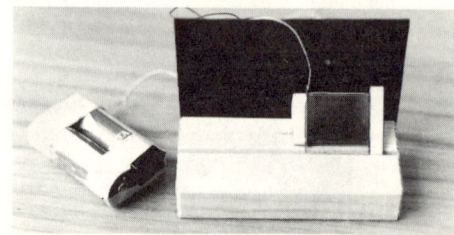
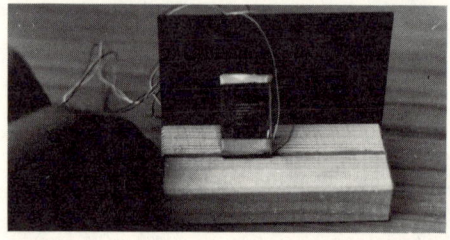 

Abb. 32 a-d: sichtbar gemachte Zinndioxydstrukturen

Diese Sandwich-Zellen in *Abbildung 33* zeigen Ziffern oder Buchstaben an. Vorteile dieser Anzeige sind wieder einmal der geringe Stromverbrauch und zum anderen, daß man auf mechanische Teile verzichten kann. Der geringe Stromverbrauch zieht nach sich, daß man nicht etwa wie bei den herkömmlichen Anzeigeröhren extra Spannungsquellen mit einer hohen Spannung haben muß, die damit natürlich die Apparatur vergrößern, sondern man kann mit der Flüssigkristallanzeige in Spannungsbereichen bleiben, die auch die übrigen Halbleiterelemente des Gerätes benötigen. Das ist ein großer Vorteil der Flüssigkristallanzeige.

Abb. 33: Ziffernanzeige mit Sandwich-Zellen (Flüssigkristallanzeige)

Elektrische Uhren ohne mechanische Teile sind denkbar. Als Zeitimpulsgeber nimmt man eine herkömmliche Quarzuhr. Diese Quarzuhr oszilliert mit einer wohldefinierten Periode, die in elektrische Impulse umgewandelt wird. Ist eine Sekunde vergangen, so wird ein Zahlenelement in der Sekundenanzeige angesteuert. Es ist nun nicht mehr notwendig, als Ziffernanzeige die Leuchtröhren zu benutzen, die einen viel aufwendigeren Spannungsteil benötigen.

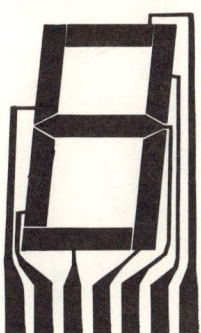

Abb. 34: Aufbau einer 7-Segment-Anzeige für Ziffern und Buchstaben

Armbanduhren und kleine Taschencomputer können mit solchen Anzeigen ausgerüstet werden. Überall da, wo man Anzeigen benötigt, die in ihrer Größe minimal sein müssen und geringe Ströme verbrauchen sowie niedrige Spannungen verlangen, etwa in der Raumfahrt und im Flugverkehr, wird sich der flüssige Kristall durchsetzen.

Viele Anwendungen der dynamischen Streuung sind denkbar. Zum Beispiel Verkehrszeichen, die man nur in bestimmten Situationen benötigt — die Warnung vor einer Nebelwand oder im Berufsverkehr die Steuerung der Abbieger. Mit einer einfachen Schaltung und mit wenig Aufwand sind mit Hilfe des flüssigen Kristalls und der vorher aufgetragenen Zinndioxydstrukturen die jeweiligen Verkehrszeichen möglich.

Bei diesen Anzeigen tritt oft als Grundfigur eine 8 auf. Mit dieser Zuleitungsanordnung ist es jedoch möglich, alle Zahlen von 0 bis 9 darzustellen. Die einzelnen Leitungen müssen entsprechend mit Spannung versorgt werden *(Abb. 34)*. Auch kann man mit dieser Grundfigur einige Buchstaben darstellen.

Wie kann eine farbige Anzeige auf der Basis der flüssigen Kristalle erreicht werden? Es gibt nematische flüssige Kristalle, die ihr Dipolmoment in Richtung der Moleküllängsachse besitzen. In den flüssigen Kristall werden bestimmte Farbmoleküle eingelagert. Legt man ein elektrisches Feld an die Sandwich-Zelle, so richten sich die Flüssigkristalle aus — eine Farbänderung ist zu beobachten.

Doch muß hier noch etwas zu den Farbstoffen gesagt werden, die eingelagert werden: sie können polarisiertes Licht nur dann absorbieren, wenn sie in geeigneter Weise orientiert sind. Diese Moleküle besitzen ein elektrisches Dipolmoment, das bei einer bestimmten Orientierung mit dem elektrischen Vektor der elektromagnetischen Lichtwelle wechselwirken kann. Die Lage der Farbmoleküle kann durch die Ausrichtung der gastgebenden Flüssigkristallmoleküle entsprechend durch elektrische Spannung beeinflußt werden.

Sinkt die Spannung auf Null, kehren die Moleküle wieder in die Ausgangslage zurück. Die Orientierung und die Mitorientierung der angelagerten Farbmoleküle zerfallen. Ein Wellenlängenbereich des weißen Lichtes wird absorbiert, die Anzeige erscheint farbig (Abb. 35).

Bringt man Zinndioxyd gezielt auf die den flüssigen Kristall umgebenden Glasflächen, so können durch die Bezirke, in denen die Spannung angelegt werden kann, und durch die nicht unter Spannung stehenden Bezirke farbige Anzeigen ermöglicht werden.

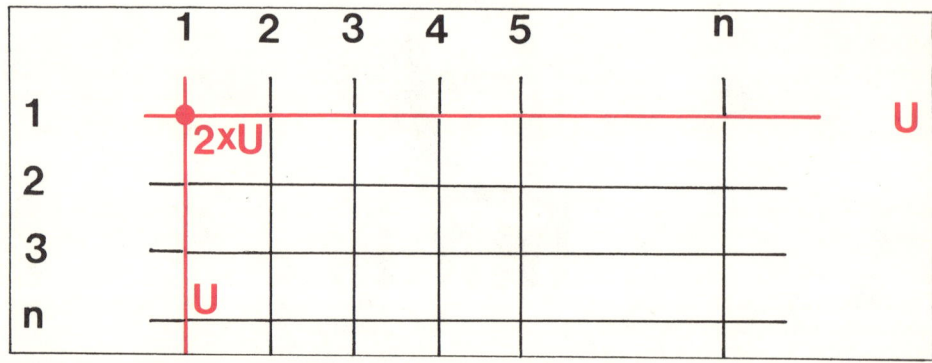

Abb. 35: Unsichtbare Matrix aus Zinnoxyd auf einer Glasscheibe. Hinter dieser Matrix befindet sich der flüssige Kristall

Und noch etwas bietet sich durch den flüssigen Kristall an: die Herstellung eines flachen Fernsehschirms.

Fernsehbilder werden zeilenweise aufgebaut, das heißt: ein Elektronenstrahl läuft in einer bestimmten Zeit das ganze Fernsehbild ab. Diese Zeit des Ablaufens muß innerhalb der Trägheitszeit unseres Auges liegen, so daß wir immer ein komplettes Bild in beispielsweise 1/25 Sekunde registrieren können. Dazu sind Elektronenröhren notwendig, deren Strahl entsprechend abgelenkt wird. Der Elektronenstrahl wird in seiner Intensität, je nach dem, welche Information auf den einzelnen Bildpunkt gebracht werden soll, gemindert oder vergrößert. Man hat also die Möglichkeit, den verschiedenen Bildpunkten verschiedene Helligkeiten zuzuordnen. Diese Elektronenröhre ist sehr aufwendig. Außerdem benötigt man große Hochspannungsteile.

Wird eine Glasplatte mit Zinndioxydstrukturen belegt, und zwar durch rasterförmig angelegte Leiterbahnen, und werden zwischen dieses Raster flüssige Kristalle gegeben — wenn außerdem der flüssige Kristall seine dynamischen Streuzentren bei der Spannung $2U$ ausgebildet hat und an die einzelnen Leiter die Spannung U angelegt wird —, tritt überall in den Kreuzungspunkten der Leiterbahn die Spannung $2U$ und damit die dynamische Streuung auf.

Wenn man diese Leiterbahn entsprechend klein wählt, kann man punktweise eine komplette Glasfläche ansteuern. Wenn dieser Punkt ebenso wie beim Fernsehbild die Glasoberfläche abläuft, so wäre, wenn das entsprechend schnell geschieht, der Aufbau eines Fernsehbildes möglich.

Neben der Schnelligkeit muß auch die Forderung der verschiedenen Grauwerte erfüllt sein.

Es wurden mit dieser Anwendung Versuche gemacht: zunächst wurden die Abklingzeiten der dynamischen Streuzentren gemessen. Wenn die verschiedenen Grauwertstufen erreicht werden sollen, so muß eine mehr oder weniger hohe Spannung an den flüssigen Kristall gelegt werden. Wenn aber die Spannung zu hoch wird, so überstrahlen die Leiter-Rasterbahnen, das heißt: ein punktweiser Aufbau des Bildes ist nicht möglich.

Dieses Problem ist aber mit Hilfe der Wechselspannung zu lösen. Die Wechselspannung an jeden Bildpunkt gelegt, kann mit ihrer Frequenz die Helligkeit eines Bildpunktes bestimmen. Denn je höher die Frequenz, desto schneller werden die Ionen hin- und herbewegt, desto besser bilden sich die dynamischen Streuzentren aus.

Aber ein anderes Problem stellt sich: die Bildpunkte müssen sehr schnell abgelaufen werden, damit ein kompletter Bildaufbau innerhalb der Trägheitszeit unseres Auges möglich ist. Versucht man, dies zu erreichen, so spricht der flüssige Kristall nicht mehr auf die zu kurzen Spannungsstöße an, die Ionen können in dieser kurzen Zeit nicht in Bewegung gesetzt werden, es tritt keine dynamische Streuung auf.

Für dieses Problem wurde jedoch eine Lösung gefunden, die den flachen Bildschirm als Fernsehschirm der Zukunft näher erscheinen läßt. Und zwar wird eine schnellspeichernde Substanz hinter den flüssigen Kristall gebracht, das Bild wird punktweise aufgebaut und dann das gesamte Bild, d.h. alle Spannungsunterschiede, auf den flüssigen Kristall gegeben. *Abbildung 36* soll das verdeutlichen.

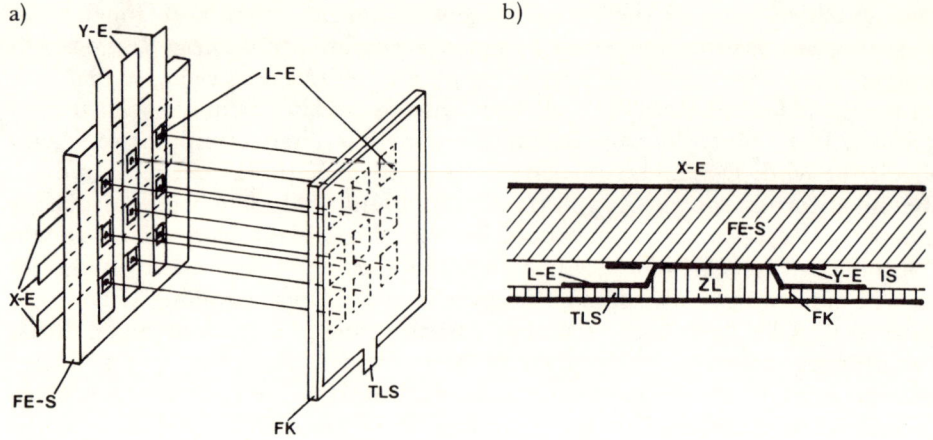

Abb. 36: Aufbau einer Matrix für hohe Einschreibgeschwindigkeit; a) Prinzip; b) integrierte Ausführung eines Rasterelements im Schnitt.
Z-E = Zwischen-Elektrode
X-E = X-Elektroden
Y-E = Y-Elektroden
FK = Flüssigkeitskristall
FE-S = Ferroelektrische Schicht
TY-E = Transparente Y-Elektrode
ZL = Zylindrisches Loch
IS = Isolier-Schicht
L-E = Lese-Elektrode
TL-S = Transparente Leiter-Schicht

Sie wissen, daß die Trägheit unseres Auges so groß ist, daß 25 Bilder pro Sekunde als kontinuierlicher Ablauf registriert werden. Die Speicherung des Bildes in der Substanz hinter dem flüssigen Kristall ist in 1/25 Sekunde notwendig. Die Trägheit des flüssigen Kristalls ist nicht so hoch, daß er dann 25 Bilder pro Sekunde, 25 Variationen in der Helligkeit pro Sekunde, nicht leisten kann. Mit diesem System der Zwischenspeicherung ist der flache Bildschirm auf der Basis der flüssigen Kristalle näher gerückt.

Die Information wird auf den ferroelektrischen Kristall gegeben. Es handelt sich nunmehr um weniger hohe Spannungen. In dem ferroelektrischen Kristall treten je nach Höhe der Spannung Polarisationsladungen auf. Legt man jetzt eine Spannung umgekehrter Polung an den flüssigen Kristall, so addieren sich diese Ladungen zu den Polarisationsladungen. Je mehr Ladungen an dem Bildpunkt auftreten, desto stärker bilden sich die dynamischen Streuzentren aus. Die Bildpunkte können also in dem ferroelektrischen Kristall mehr oder weniger hell gespeichert werden. Das Bild wird komplett im ferroelektrischen Kristall zwischengespeichert und auf den flüssigen Kristall gegeben. Diese Lösung ist natürlich technologisch nur sehr aufwendig durchzuführen. Im Augenblick wird versucht, sie zu realisieren.

Welches sind die Vorteile des flachen Bildschirms? Die Bildpunkte sind Reflexionszentren. Reflexion heißt: je mehr Licht auftritt, desto mehr wird auch reflektiert. Das Bild wird also um so besser zu erkennen sein, je mehr

Licht eingestrahlt wird. Man wird also in Zukunft nicht mehr in abgedunkelten Räumen wie bei den herkömmlichen Fluoreszenzschirmen fernsehen können, sondern in heller Umgebung. Weiterer Vorteil: der flache Fernsehschirm kann an die Wand gehängt werden. Er nimmt nicht mehr Platz als ein herkömmliches Bild ein. Außerdem fallen die großen Spannungsversorgungsteile weg.
Wie wird das farbige Bild aussehen? Das Einfachste wäre natürlich, einen Kristall zu finden, der unter verschieden hoher Spannungsanlegung einzelne Farbnuancen liefert – diese Substanzen müßten erst von den Chemikern erfunden werden. Oder man könnte durch die Überlagerung von drei Fernsehschirmen (blau, grün und rot) eine entsprechende Mischung im Dreifarbenverfahren erreichen.
Das ist aber noch fernere Zukunftsmusik als der flache Schwarz-weiß-Fernsehschirm auf der Basis der flüssigen Kristalle.

2. BILDVERSTÄRKER: SEHEN IM DUNKELN

Das Dunkel zurückdrängen, besser zu durchschauen, war von jeher das Bestreben des Menschen. Bis heute blieben die Leuchtmittel weitgehend gleich, ob Kerze oder Glühlampe, es ist immer dasselbe Prinzip: ein verbrennender oder erhitzter Gegenstand schafft Licht. Er verdrängt das Dunkel jedoch nur aus relativ kleinen Bezirken, rundum bleibt es Nacht.

Der Schutz der Dunkelheit wurde weniger denen zuteil, die ihn brauchen, als eher denen, die ihn mißbrauchen. Zuerst versuchten die Militärs, das Dunkel zu durchdringen. Normale Scheinwerfer taugten nicht dazu, weil sie für den verborgenen Angreifer ideale Ziele darstellen. Deshalb wurde ein Licht eingesetzt, das außerhalb der Empfindlichkeit des menschlichen Auges liegt: *infrarotes Licht.* Das ist der Bereich, der im Spektrum rechts von Rot liegt. Dieser infrarote Bereich beginnt etwa bei 0,7 Millionstel Meter.

Infrarotscheinwerfer arbeiten mit normalen Lampen, aus deren Licht der kürzerwellige Anteil herausgefiltert wird. Mit diesen Techniken wurde im Zweiten Weltkrieg begonnen. Die unsichtbar beleuchtete Fläche kann mit einem entsprechenden Gerät klar erkannt werden. Die Geräte heißen *Bildwandlerröhren;* sie sind heute bis zur Perfektion entwickelt.

Dieses Vorgehen ist jedoch noch eine aktive Methode, das heißt: verfügt der Gegner über ein ähnliches „Auflösungsgerät", dann erkennt er ebenfalls klar die beleuchtete Fläche und die Lichtquelle. Deshalb perfektionierte man die infraroten Systeme so weit, daß sie ohne Beleuchtung allein auf die allen Körpern eigene Wärmestrahlung reagierten, die oberhalb des absoluten Nullpunktes auftritt.

Mit diesen Arbeiten wurde in den fünfziger Jahren begonnen. Heute umfliegen Dutzende solcher Infrarotkameras in Satelliten die Erde, sie bilden einen wesentlichen Bestandteil der Sicherheitssysteme der verschiedenen Machtblöcke. Ihren „scharfen Augen" entgeht keine noch so kleine Truppenbewegung. Diese inzwischen auch zivil, beispielsweise im medizinischen Bereich (vgl. Kap. 1), eingesetzten Infrarotkameras sind komplizierte Geräte, die man nicht ohne weiteres mit sich herumtragen kann.

Ideal wäre hingegen ein tragbares System mit geringem Leistungsbedarf, das vom Beobachteten nicht ausmachbar wäre. Diese Eigenschaften haben *Lichtverstärker,* die seit etwa fünf Jahren in einer Entwicklungsreife vorliegen, die immer weitere Anwendungsbereiche erschließt: sie erhellen dem Auge stockdunkel erscheinende Nächte ohne Schwierigkeiten.

Zigarette wird zum Scheinwerfer

Der Mensch besitzt übrigens mit dem Auge ein Organ, um im Dunkeln sehen zu können. Verantwortlich für dies Vermögen sind die Stäbchen in der Netzhaut, die erst bei Dämmerung aktiv werden, während die Zapfen die Farbempfindung vermitteln (vgl. Kap. 3). Sehschwelle des Dämmerungssehens liegt bei einer Strahlungsleistung von 5,6 x 10^{-17} Watt. Das ist unvorstellbar wenig: damit sieht der Mensch schon bei wenigen Lux — zum Vergleich: in Arbeitsräumen herrschen Beleuchtungsstärken von 1500 bis 2000 Lux (Lux = Maßeinheit der Beleuchtungsstärke).

Der geringe Schwellenwert bedeutet, daß bereits wenige Lichtquanten des Wellenbereichs zwischen 0,4 und 0,7 Millionstel Meter eine Sehempfindung hervorrufen. Um so erstaunlicher ist die Wirkung der Lichtverstärker, die sich schon mit Eingangsbeleuchtungsstärken von einigen Hunderttausendstel Lux zufriedengeben. Die Verstärkung dieser geringen Beleuchtung um das 50000fache läßt für Betrachter und Kamera gleichermaßen zufriedenstellende Bilder entstehen. Eine brennende Zigarette beispielsweise wirkt wie ein Scheinwerfer.

Wie funktioniert der Lichtverstärker? Der Aufbau ist grundsätzlich einfach *(Abb. 1):* er besteht aus einem hochevakuierten Gefäß mit einer durchsichtigen Frontscheibe und einer gegenüberliegenden, ebenfalls durchsichtigen Abschlußscheibe. Auf der Vakuumseite der Frontscheibe befindet sich die sogenannte *Photokathode* mit einer elektrooptisch aktiven Schicht oder vielen Halbleiterdioden; die Abschlußscheibe ist innen mit einer Leuchtstoffschicht belegt.

Wird nun durch ein Objektiv ein Bild — und mit ihm Licht oder besser Lichtquanten — auf die Photokathode projiziert, so treten aus dem Oberflächenelement der Photokathode Elektronen aus. Ihre Zahl richtet sich nach dem vom Objekt, das im Bild wiedergegeben ist, ausgesandten Lichtanteil. Bei ihrem Austritt aus der Photokathode haben die Elektronen nur eine geringe Energie. Ein raffiniertes, elektronenoptisches System, bestehend in der Regel aus zwei Fokussierelektroden und einer Anode, sorgt nun für die Beschleunigung der Elektronen. Erreicht wird dies über ein starkes elektrisches Feld — in der Regel bis zu 20000 Volt —, das zwischen der Kathode und Anode besteht.

Die ganze Anordnung nennt man *Elektronenoptik*. Sie sorgt dafür, daß auf dem Betrachterleuchtschirm ein der Elektronenverteilung auf der Kathode adäquates Bild entsteht. Dieses Bild formen die beschleunigten Elektronen, indem sie die Leuchtschicht — meist mit Phosphor belegt — zu kräftigem Leuchten anregen. Die Intensität jedes Punktes hängt von der Auftreff-Energie ab.

In den letzten Jahren konnte der Emfindlichkeitsbereich solcher Photokathoden durch Halbleitereinsatz — in der Hauptsache durch Silizium — bis in das infrarote Spektralgebiet erweitert werden. Genügt die einstufige Bildverstärkung noch nicht — sie läßt im Dunkeln schon Personen in 150 m erkennen — wird einfach eine beliebige Anzahl von Einzelstufen hintereinandergekoppelt, die dann die gewünschte Bildhelligkeit ergeben.

Hilfe für den Röntgenarzt

Bildverstärkerröhren sind mit 100- bis 50000facher Lichtverstärkung im Handel. Man kann sie mit den verschiedensten Optiken benutzen, vor Kameras bauen oder das Bild einfach durchs Okular betrachten *(Abb. 2)*.

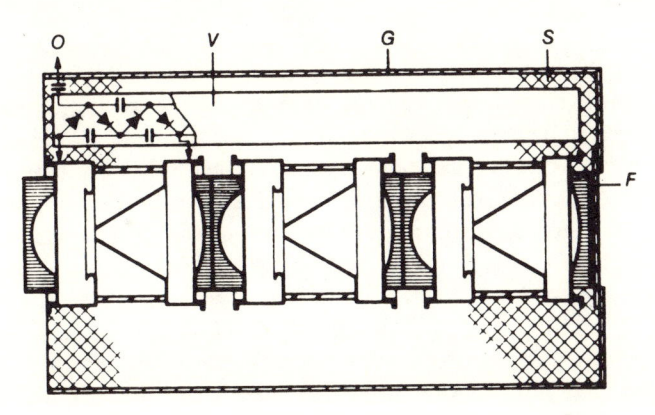

Abb. 1: Prinzipskizze eines dreistufigen Bildverstärkers, mit dem eine 50000fache Verstärkung möglich ist: O Oszilatoranschluß; V Spannungsvervielfacher; G Kunststoffgehäuse; S Silikonkautschuk als Vergußmasse; F Abschlußfenster

Wesentlicher noch als für Militärs und Sicherheitskräfte sind die Anwendungen in der Biologie, der Verhaltensforschung und in der Physik. Mit Bildverstärkern verfolgt man die Spuren von Elementarteilchen in riesigen Blasen- und Funkenkammern, registriert Čerenkov-Strahlung – ein bläuliches Licht – in Reaktoren und möbelt alte Spiegelteleskope auf.
Dies ist ein besonderer Aspekt: denn in Zukunft werden sich wegen der erheblich langen Fertigungszeiten Spiegel von mehr als 4 bis 6 Metern Durchmesser kaum bauen lassen. Über Bildverstärker jedoch läßt sich die Leistung vorhandener Teleskope, wie etwa das Teleskop auf dem Mount Palomar in Kalifornien, noch wesentlich verbessern. Auch Belichtungszeiten fotografischer Platten beispielsweise sinken erheblich.

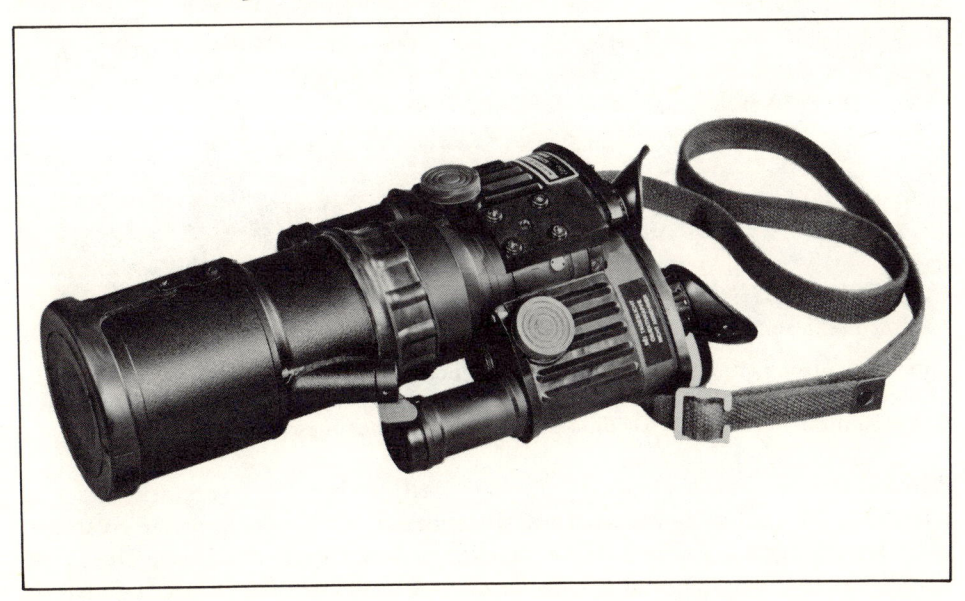

Abb. 2: Tragbares Nachtsichtgerät

Eine der ältesten Anwendungen des Bildverstärkers ist der Einsatz als Röntgenschirm-Bildverstärker. Häufig ersetzt ein derartiges System die herkömmliche Durchleuchtung mit dem Erfolg, ein wesentlich helleres Bild erreicht zu haben. Über eine Fernsehkamera kann diese Daueraufnahme auf einem Bildschirm wiedergegeben werden. Damit wird eine bessere Bildauswertung durch die größere Helligkeit erzielt und außerdem werden Arzt und Patient einer geringeren Strahlung bei bequemerer Vergrößerungsmöglichkeit ausgesetzt. Auch erleichtert diese Art der Durchleuchtung das genaue Justieren der Röntgenröhre für Einzelaufnahmen.

In letzter Zeit gelang es sogar, die Bildqualität von Röntgenbildverstärkern durch eine Art von Röntgenschirmen mit aufgedampfter Photokathode so zu verbessern, daß das Durchleuchtungsbild einer Röntgenaufnahme fast gleichkommt. Sicherheitskräfte benutzen diese Technik zum Öffnen vermeintlicher Sprengstoffpakete *(Abb. 3)*.

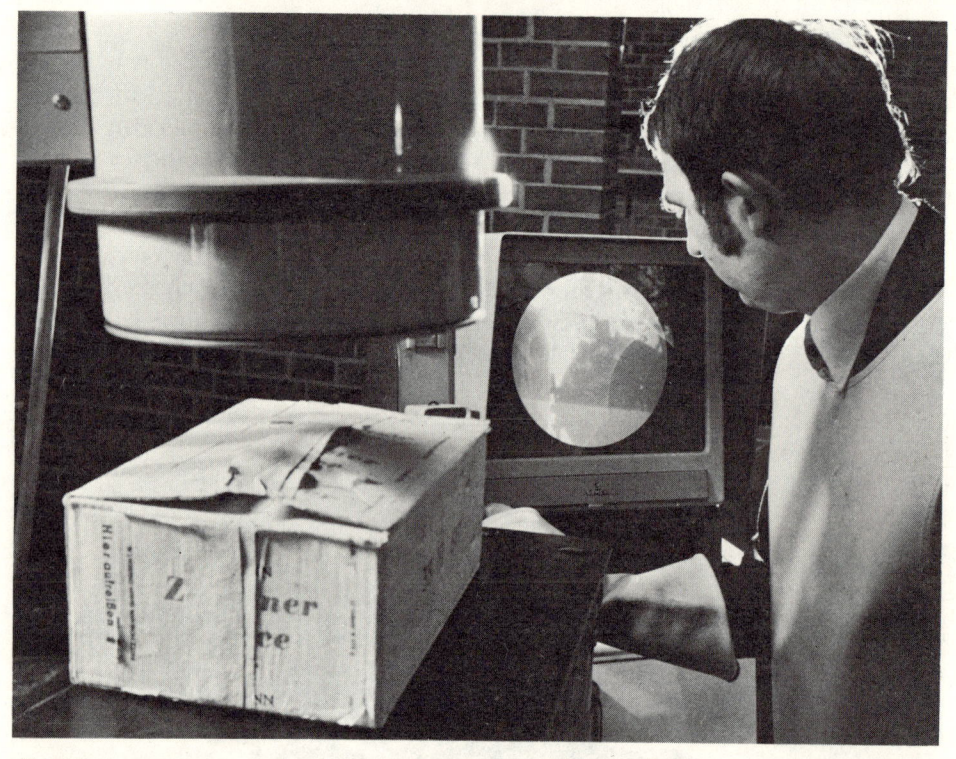

Abb. 3: Kontrolle eines Päckchens, das möglicherweise Sprengstoff enthält, mit Hilfe der Röntgenbildverstärkertechnik. Der sonst hinter einer schützenden Stahlbetonwand aufgestellte Monitor steht nur zur Demonstration im Untersuchungsraum

Prinzipiell war die Möglichkeit, Licht auf diese Weise zu verstärken, schon seit etwa 30 Jahren bekannt. Den Durchbruch erzielten derartige Systeme, wie eingangs gesagt, aber erst in den letzten fünf Jahren. Dafür sind zwei Gründe zu nennen: einmal gab es eine ganz neue Art von Eintrittsfenstern, und zum andern gab es völlig neue Photokathoden.

Die Eintrittsfenster sind Glasfaseroptiken oder Fiberoptiken. Sie bestehen in der Regel aus einer Vielzahl parallel liegender Lichtleitfasern aus speziellem reinen Silikatglas. Die geordneten Lichtleitfasern sind vakuumdicht miteinander verschmolzen und erreichen Dichten bis 40000 Fasern je Quadratmillimeter. Üblich in Faseroptiken sind 20000 solcher Fasern auf derselben Fläche *(Abb. 4)*. In mehrstufigen Bildverstärkern finden sich diese Faseroptiken sowohl auf der Kathoden- wie auf der Anodenseite mit einem Leuchtschirm, damit das Bild in derselben Weise auf die darauffolgende identische Faseroptik weitergegeben werden kann. Es entsteht ein rasterförmiges Bild, das aber trotzdem besser ist als ein durch ein übliches „Fenster" entstehendes Bild, weil bestimmte Abbildungsfehler nicht auftreten.

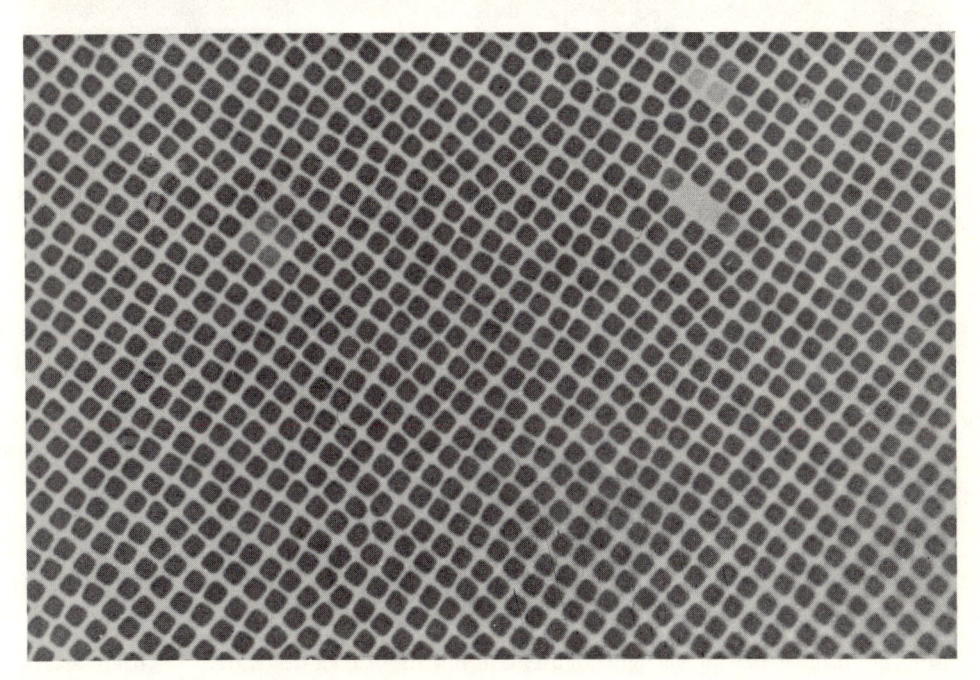

Abb. 4: Mikroskopaufnahme einer Faseroptik

Ein Bild aus kleinen Kristallen

Die zweite Verbesserung war die Einführung von Halbleitern auf den Photokathoden, die eine Verschiebung der Empfindlichkeit in den infraroten Bereich zur Folge hatte. Neben dieser graduellen Verbesserung brachte die weitere Einführung einer Halbleiterkomponente geradezu eine Revolution für Bildverstärker. Gleichzeitig aber gaben sie ihre Eigenexistenz auf: sie wurden mit speziellen Fernsehröhren gekoppelt und damit zur idealen *Nacht-Fernsehkamera (Abb. 5)*.
Diese „Fusion" muß man sich etwa so vorstellen: einem üblichen Vidicon – das ist ein einfacher Kameratyp – wird ein Bildverstärker vorgeschaltet, an die Stelle des Leuchtschirms tritt nur das revolutionäre Bauteil: das soge-

nannte *Multidiodentarget,* das als Kathode des Bildverstärkers und der Röhre fungiert. Diese Art von Targets haben anstelle früher üblicher Ladungsspeicherschichten eine Vielzahl winziger Halbleiterkristalle — genau etwa 1.000.000 Dioden pro Quadratzentimeter. Die beschleunigten Photoelektronen des Bildverstärkers verändern den Zustand dieser Dioden so, daß ein Ladungsmuster entsteht, das der Elektronenstrahl der Kameraröhre von der anderen Seite abtastet *(Abb. 6).*

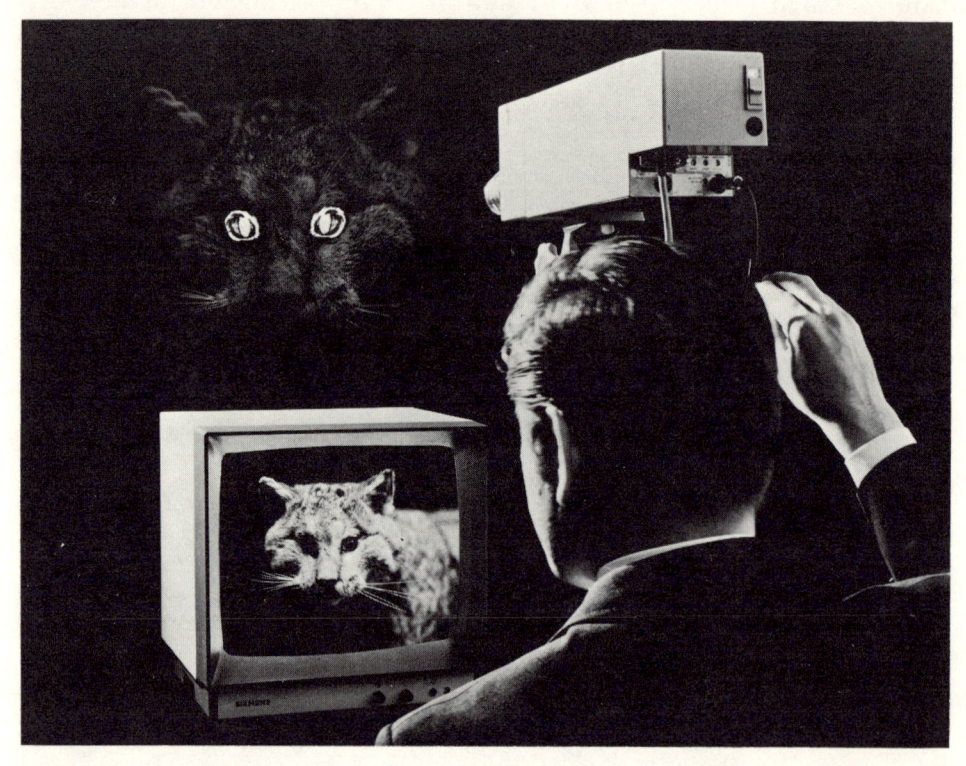

Abb. 5: Wo sonst bei schwachem Lichteinfall nur die Augen des Katers leuchten, erfaßt ein Multidioden-Vidicon das ganze Tier. Für die Aufnahme reicht eine Beleuchtungsstärke von nur einem Tausendstel Lux

Diese Art von Siliziumtargets räumt mit einem alten Übel von Ladungsspeicherschichten auf: der Empfindlichkeit gegen Überbelichtungen. Dieses Faktum kann auftreten, wenn eine Lichtquelle im Bild überstrahlt, wenn die Kamera zum Beispiel in einen Autoscheinwerfer gerichtet ist. Früher „starb" dabei die Röhre. Bei der Überstrahlung geschieht folgendes: ein großer Schwarm von stark beschleunigten Elektronen trifft auf das Target. Um die Qualität des Ladungsbildes auf dem Target nicht zu verschlechtern, regelt man heute die Kathodenspannung, das ist die Spannung am Target, herunter, damit werden die Elektronen weniger beschleunigt. Das Bild wird schwächer und die Verstärkung regelbar, wobei ein annähernd gleichmäßiger Kontrast bleibt.

Mit dieser Kombination von Bildverstärker und infrarotempfindlichem

Vidicon wurde ein Instrument für eine Fülle von Anwendungen geschaffen. Diese Kamera läßt sich in vielen industriellen Prozessen, in der Verkehrstechnik, weil sie ja nicht mehr unter Sonneneinstrahlung leidet, verwenden, natürlich auch in Medizin und Wissenschaft.

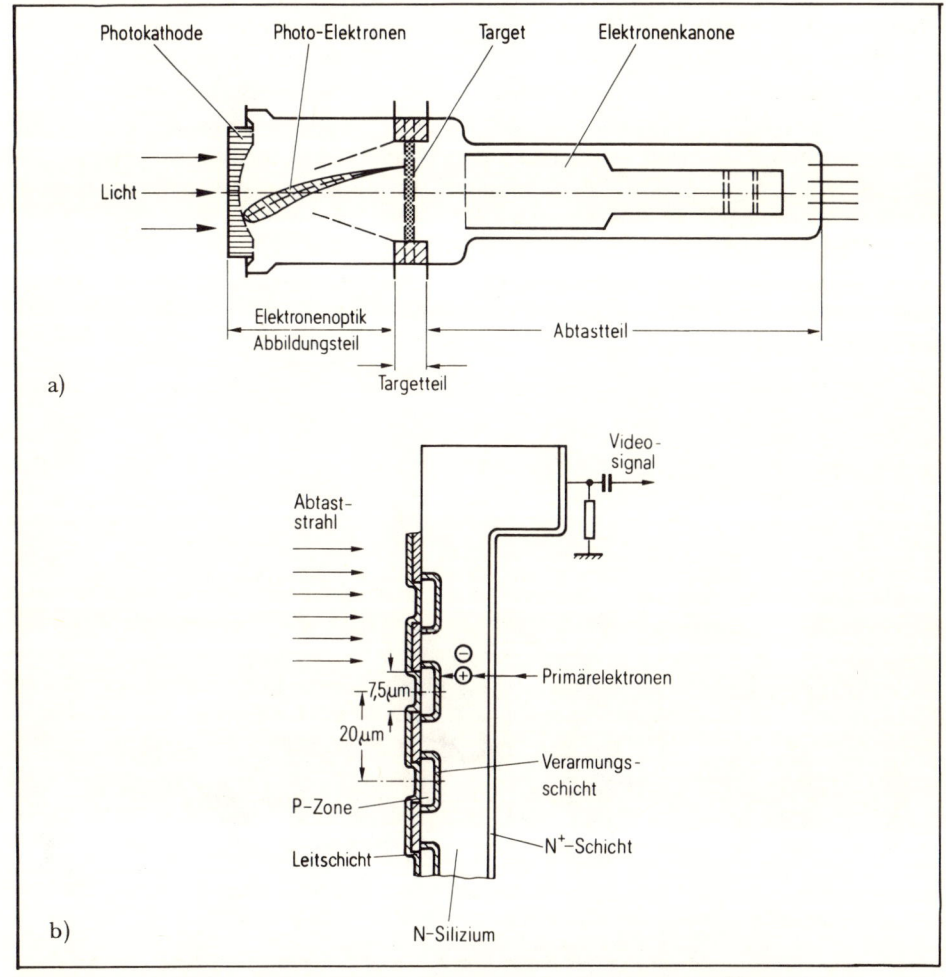

Abb. 6: a) Aufbau eines Multidioden-Vidicons mit vorgeschaltetem Bildverstärker; b) Detaildarstellung des Targets, allerdings in seiner Lage um 180 Grad gedreht

Fernsehkameras in Taschenformat

Erstmals war das Prinzip der Erzeugung und Speicherung von Ladung in einem Festkörpertarget 1958 in der Patentschrift des Amerikaners Reynolds erwähnt worden. Damals standen vor allen Dingen Lebensdauer, Probleme und Fragen der Spektralempfindlichkeit im Vordergrund. Die einzige Änderung gegenüber herkömmlichen Bildaufnahmeröhren aber blieb das Target.

Alle anderen Einheiten konventioneller Röhren, wie die Kathode zur Elektronenstrahlerzeugung, die Fokussier- und Ablenkeinheit, waren ebenso vorhanden *(Abb. 7)*.
Die Röhre baute man somit nicht kleiner, auch wenn ihre sonstigen Vorteile ins Auge stachen. Das ließ die Frage aufkommen, warum man nicht, wenn schon ein Ladungsbild in Halbleitern vorliegt, dieses über spezielle andere Halbleiterbaugruppen, direkt auslesen sollte. Dazu wären statt der separat nebeneinanderliegenden und zeilenbildenden Dioden zwischen ihnen Verbindungen zu schaffen, damit man die in jeder Zeile erhaltene Information herausschieben kann. Der abtastende Elektronenstrahl sollte ja wegfallen, um auf den langen Glastubus mit seinen komplizierten elektronenoptischen Systemen verzichten zu können. Der Vorteil wäre eine äußerst kleine Fernsehkamera mit gleicher spektraler Empfindlichkeit wie das Multidiodentarget, das ebenfalls aus Silizium besteht, und eine äußerst flache Bauweise. Diese Kleinheit der Kamera ist vor allen Dingen für die in Bildtelefonen obligatorische Aufnahmeeinheit notwendig.

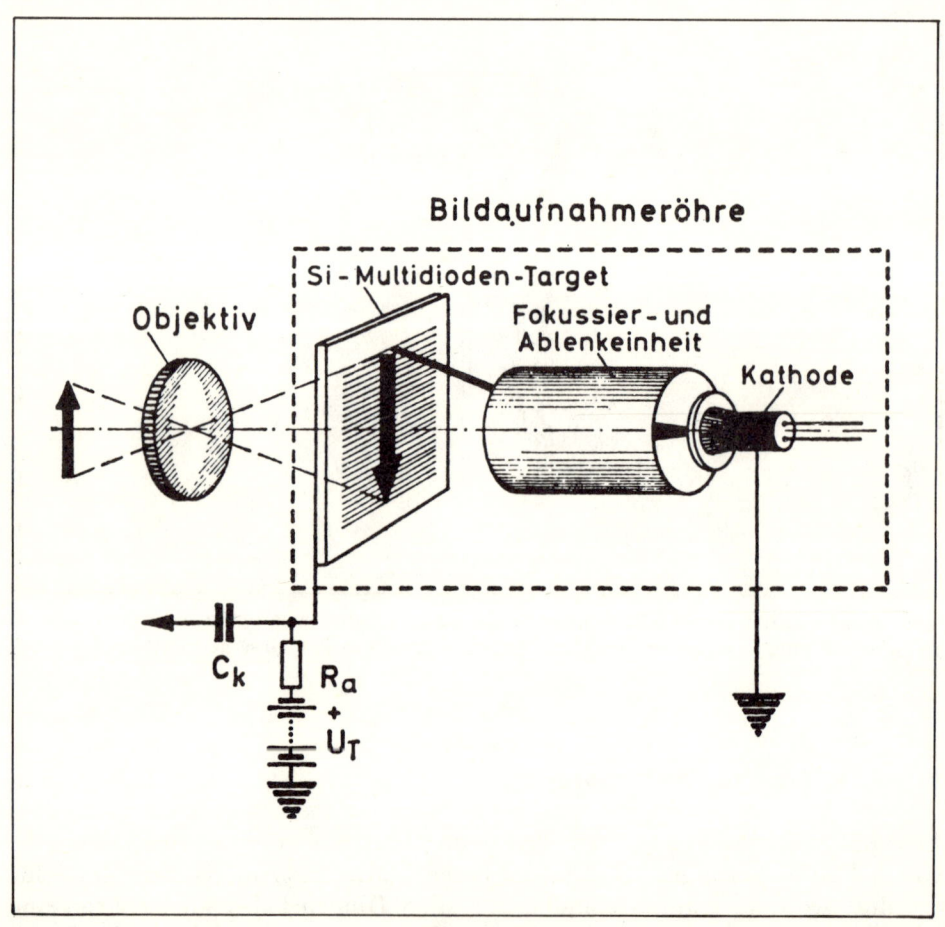

Abb. 7: Bildaufnahmeröhre nach dem Vidicon-Prinzip mit einem Siliziummultidiodentarget

Das Prinzip fanden die Wissenschaftler Ende der sechziger Jahre mit sogenannten Ladungskopplungs-Bauelementen. Dieses neue Halbleiter-Konzept kann man als Einzelzeile eines Bildes sehen, die in der Lage ist, ein Ladungsmuster zu speichern und nach gewissen Änderungen ihrer Bedingungen wieder abzugeben. Reiht man nun mehrere solcher Zeilen untereinander auf, dann lassen sich nahezu komplette Fernsehkameras verwirklichen.

Die in der Zeile gespeicherten Ladungsmuster werden durch externe Veränderungen der Spannung an der Zeile von Element zu Element verschoben und am Zeilenausgang von einer Diode gelesen oder, wenn das nicht schnell genug ist, in einen Speicher übertragen, auf den dann das Leseglied folgt.

Zu dieser Ladungsverschiebung gibt es ein mechanisches Analogon: stellen wir uns eine Gruppe von rechteckigen Zylindern, getrieben von einer Kurbelwelle in einem Kasten, vor. Die meisten der Zylinder haben abhängig von der Stellung der Kurvenwelle eine unterschiedliche Hubhöhe. Bringt man nun in diese Reihe eine bestimmte Menge Flüssigkeit hinein, so läßt sich beobachten, wie die Flüssigkeit von der Reihe der Zylinder von der einen Seite zur anderen transportiert wird; vorausgesetzt, die Kurbelwelle ist entsprechend gestaltet und die Umdrehungsrichtung stimmt *(Abb. 8)*.

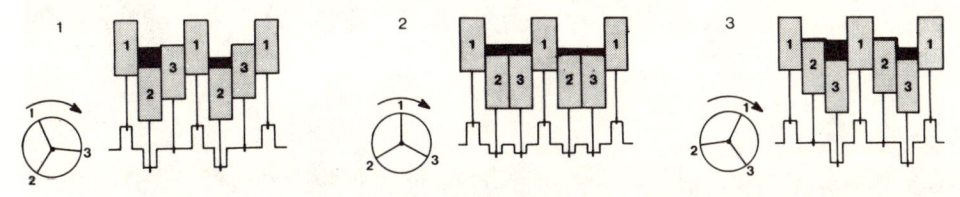

Abb. 8: Die Ladung wird, wie hier das Wasser durch die Kolben, Stück um Stück in der Zeile transportiert.

Fernsehkameras in Zigarettenschachtelgrößen sind das Ergebnis der seit fünf Jahren laufenden Verbesserung von Ladungskopplungselementen *(Abb. 9)*. Inzwischen gibt es sie entsprechend der 525-Zeilen-US-Fernsehnorm. Die Zeile besteht aus 320 Einzelelementen, was dem Auflösungsvermögen des Auges vollauf genügt. Die rund 82000 winzigen Raster des Bildes, dargestellt durch die kleinen Ladungskopplungs-Bausteinchen, trägt ein 1,3 Zentimeter breiter und 1,8 Zentimeter langer Superchip – ein Halbleiter-Kristall –, der neben der Optik die ganze Kamera ausmacht. Die 512 Zeilen teilen sich auf in 256 Bild- und 256 Speicherzeilen.

Das würde zwar der 525-Zeilen-Fernsehnorm nicht genügen, aber man hilft sich mit einem Trick: die Bildzeilen werden doppelt so schnell wie üblich ausgelesen, und damit entsteht trotzdem ein volles Bild. Aus entsprechenden Halbleiterelementen läßt sich eine kaum größere Farbkamera aufbauen, nur muß hier ein Prisma zur Farbaufspaltung zwischengeschaltet werden, und es muß für die drei Farbanteile jeweils ein separates Halbleitertarget vorhanden sein. Einige Modelle existieren bereits.

Derartige Kamerazwerge lösen längerfristig sicher Multidioden-Vidicons und auch Infrarot-Bildwandlerröhren ab, die den Bildverstärkern im Aufbau ähnlich sind. Und zwar deshalb, weil sich ihre spektrale Empfindlichkeit mit diesen älteren Typen deckt – sie reicht nahezu bis 1,2 Millionstel Meter.

Dies ist der Bereich des „nahen Infrarot". Was dahinter kommt, wird entsprechend das „ferne Infrarot" genannt. Das nehmen wir nur noch, je langwelliger, desto deutlicher, als Wärmestrahlung wahr.

Wärme produziert Bilder

Diese Wärmestrahlung besitzt jeder Körper, dessen Temperatur sich oberhalb des absoluten Nullpunktes befindet. Bei ihrem Aufspüren versagen optische Mittel, da Glaslinsen die Strahlung verschlucken. Man kann deshalb nur noch mit Metall-Spiegelsystemen arbeiten. In diesen Kameras gibt es auch keine lichtempfindlichen Targets im eigentlichen Sinne mehr. Dort findet sich nur noch eine Detektordiode aus Halbleitermaterial, praktisch ein winziger Punkt, der aus Stromstößen Rasterbilder produzieren muß. Solche Bilder heißen Thermogramme (vgl. auch Kap. 1).

Abb. 9: Eine zigarettenschachtelgroße Fernsehkamera, deren elektronischer Teil ausschließlich aus einem Halbleiterkristall besteht

Thermogramme zeigen alles, was warm ist

Die heute für die Herstellung von Thermogrammen auf Oszillographenschirmen verwendeten Kameras sind kompakt und robust gebaut. Wir erinnern uns an die militärischen Einsätze. Den Hauptteil der Kamera bildet das optische System, bestehend aus einem großen Metall-Hohlspiegel, der die von dem aufzunehmenden Gegenstand oder der Region kommende Wärmestrahlung einfängt und sie auf einen kleinen vor ihm im Strahlengang liegenden, ebenen Spiegel zurückwirft. Dieser kleine Spiegel ist drehbar aufgehängt und wird über eine Schubstange und einen motorgetriebenen Nocken 16mal in der Sekunde hin- und hergeschwenkt. Die auf ihn fallende Strahlung wirft er über ein mit 200 Umdrehungen je Sekunde rotierendes achteckiges Siliziumprisma — eine kleine Blendenöffnung im Hohlspiegel und ein Germanium-Linsensystem mit Spiegel — auf den „Detektor". Dieser Detektor ist meist eine Diode aus dem Halbleitermaterial Indiumantimonid oder ähnlichen Stoffen.

Um ein Höchstmaß an Leistung und ein Mindestmaß an Störungen aus diesem Detektor herauszubekommen, befestigt man ihn am Boden von Gefäßen, die entweder flüssigen Stickstoff oder flüssiges Helium enthalten. Er ist dann entweder − 196 °C oder − 268 °C kalt. Dementsprechend „sieht er alles", was wärmer ist und setzt es in elektrische Signale um, die ein Bild produzieren.

Seine Trennschärfe ist so hoch, daß bei einer Temperatur von rund 20 Grad Celsius im Raum zwei gute Wärmestrahler noch bei einer Temperaturdifferenz von 0,1 Grad unterschieden werden. So kann man beispielsweise die Fußabdrücke eines Mannes, der einige Sekunden zuvor durch einen völlig dunklen Raum gelaufen ist, auf dem Bildschirm der Kamera sehen.

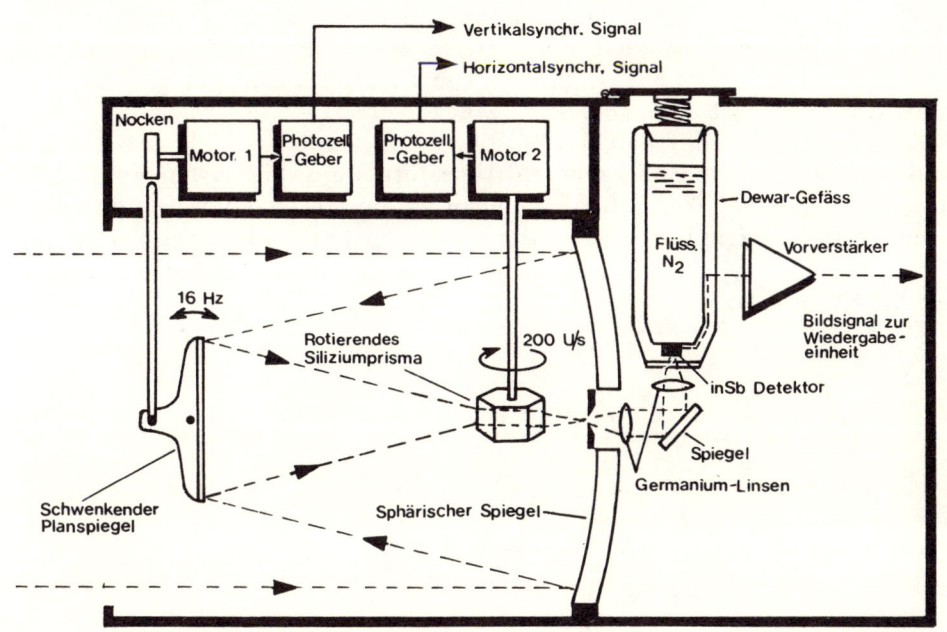

Abb. 10: Aufbau einer Thermovisionskamera

Über die sogenannte *Isothermfunktion*, einer Einrichtung, mit der sich am Objekt die Zonen gleicher Temperatur feststellen lassen, ist es sogar möglich, noch zu erkennen, in welche Richtung der Mann gegangen ist. Diese Isothermfunktion kann man als eine der wichtigsten Einrichtungen des Thermovisionssystems bezeichnen. Mit ihrer Hilfe lassen sich die normalen schwarzweißen Fotos — vom Schirm aufgenommen —, deren Grautöne den aufgenommenen Temperaturen entsprechen, auswerten, indem man einzelne Werte aus der Temperaturskala besonders hervorhebt.

Die Bildzonen, die der jeweils gewählten Temperatur entsprechen, steigern dann ihre Helligkeit bis zum satten Weiß. Dasselbe gilt auch für eine auf dem unteren Bildrand übliche Temperaturskala. Nun unterscheidet das Auge Farbe bei weitem besser als Grautöne. Deshalb lag es zur besseren Unterscheidung der Temperaturzonen nahe, Farbbilder vom Bildschirm aufzunehmen. Allerdings liefert die Wärme ja keine Farbaufnahmen. Man half sich, indem man den Grautönen einfach in Spezialfilmen bestimmte Farben zuordnete.

Die meist achtstufige Farbskala reicht von Weiß für die höchste Temperatur im Bild bis herunter zu Blau-Violett. Die Kamera nimmt diese Bilder jeweils über einen anderen Filter für die einzelnen Temperaturzonen hintereinander auf. Wiedergegeben werden vom vorliegenden Bild immer nur die Partien gleicher Schwärzungsdichte. So entsteht Stück um Stück eine „Karte" der Temperaturverteilung (vgl. Kap. 1, *Abb. 15*).

Der Anwendung solcher Kameras sind keine Grenzen gesetzt. Als spektakulärster Einsatz kann in der Medizin die Auffindung von Krebsgeschwulsten gelten, die in der Regel eine höhere Temperatur haben (vgl. auch Kap. 1). Aber auch Entzündungsvorgänge, Erkrankungen umliegender Gefäße, Brandwunden und Frostschäden lassen sich so ausmachen; ferner zu schwache Durchblutungen, die Lebensfähigkeit von Hautübertragungen und die Wirkung von Röntgenstrahlungen.

Erderforschungssatelliten stellen mit der Wärmekamera Schädlingsbefall fest und machen Mineral- und Brennstofflagerstätten aus. Sie leisten somit Hilfe in der Energiekrise. Wer außerdem genau wissen will, wo die von ihm aufgewendete Heizenergie bleibt, der kann ein Thermogramm vor seinem Haus anfertigen lassen, das alle Wärmelecks an Fenstern, Türen, oder schlecht isolierten Stellen offenbart.

3. FLICKERFARBEN: AUS SCHWARZ-WEISS WIRD FARBE

Lassen Sie sich ein X für ein U vormachen? Sicherlich nicht! Oder doch? Denn wir wissen alle, daß trickreiche Zauberer oder Muster und Zeichen in bestimmten Kombinationen unseren Sehsinn immer wieder täuschen. Dabei reagiert das Auge entweder nicht schnell genug oder: es wird durch Umfeldinformationen überlistet *(Abb. 1a+b)*. Farbfernsehen wie das Fernsehen überhaupt sind klassische Beispiele dafür, wie Schwächen des menschlichen Sehapparates ausgenutzt werden, um uns Bilder bei technisch vertretbarem Aufwand in die Wohnung zu bringen.

Die bunten Bilder des Farbfernsehens kommen unter Ausnutzung der spektralen Zusammensetzung des Lichts zustande (vgl. Kap. 1). Grundlage ist die Tatsache, daß man die Farbempfindung Weiß entweder aus einer einzigen

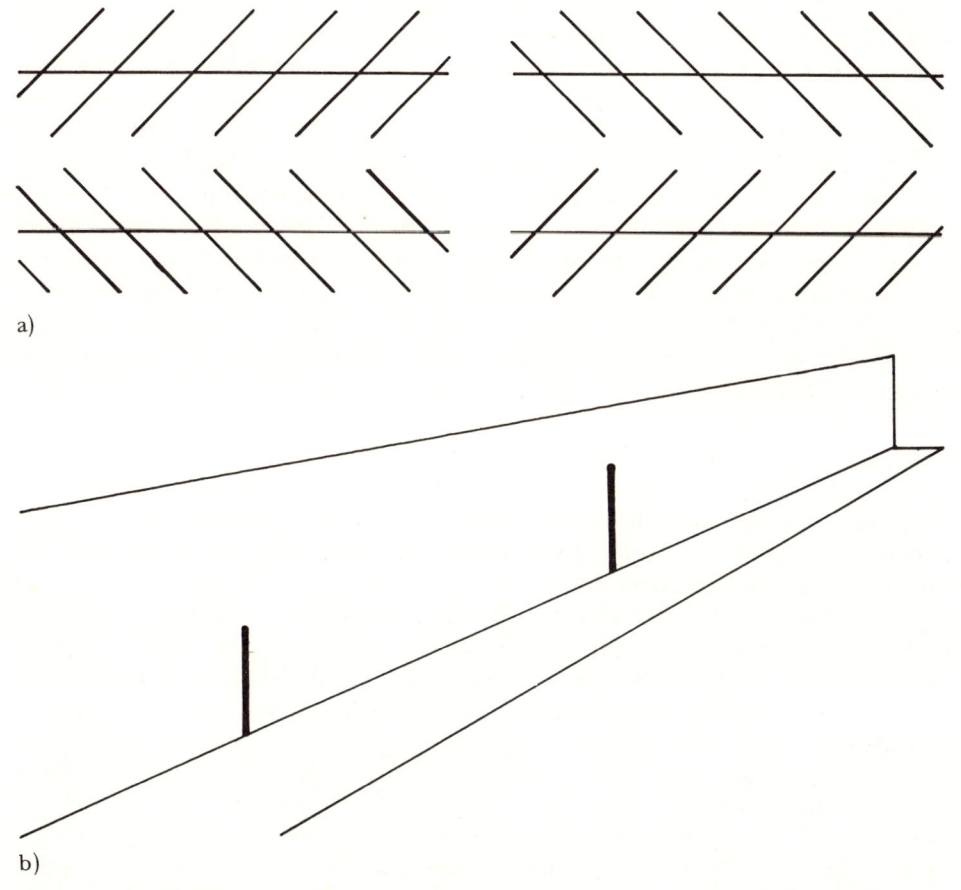

Abb. 1: Optische Täuschungen: a) die Parallelen scheinen an den Enden auseinanderzustreben; b) in der perspektivischen Darstellung erscheint der hintere gleichhohe Strich größer

Quelle — zum Beispiel durch eine helle Wolframfadenlampe —, oder durch Überlagerung von zwei oder mehreren einfarbigen Lichtstrahlen verschiedener Wellenlänge erzeugen kann *(Abb. 2)*.

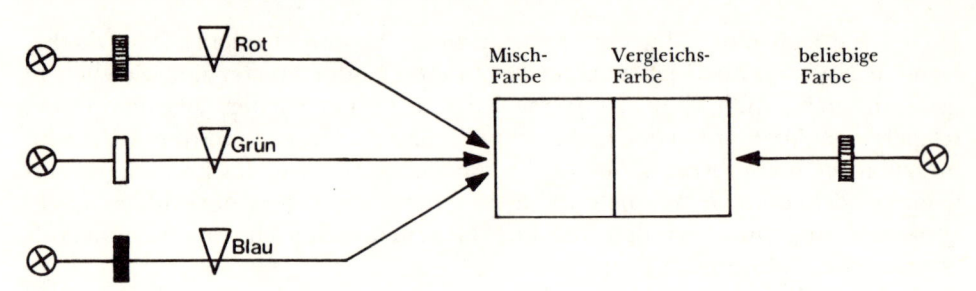

Abb. 2: Ein Farbmischexperiment, bei dem Licht aus den Lampen durch verschiedene Farbfilter und Graukeile zum Mischen auf eine Fläche fällt, deren Farbe der danebenliegenden angepaßt werden soll

Diese Erkenntnisse gewannen bereits nach Anfängen im 18. Jahrhundert kurz vor der vergangenen Jahrhundertwende der deutsche Naturforscher *von Helmholtz* und der englische Physiker *Maxwell*. Beim Lichtreiz brauchen nur drei Kennwerte zu verändert werden, um für den Menschen Farbgleichheit mit beliebigen vorgegebenen Farben herzustellen. Diese Tatsache bezeichnete man als *Trivarianz* des Farbensehens. Helmholtz und der englische Physiker *Young* entwickelten dafür eine Theorie. Sie besagt: in der Netzhaut des menschlichen Auges, auf der alles, was wir sehen, abgebildet und vom Sehnerv ins Hirn abgeleitet wird, sind drei Arten von Zäpfchen vorhanden. Diese Zäpfchen zeigen jeweils für rotes, grünes oder blaues Licht eine besondere Empfindlichkeit. Durch Überlagerung ihrer Eindrücke entsteht die Wahrnehmung aller Farben *(Abb. 3)*.

Was damals noch Theorie war, konnten Wissenschaftler später im Experiment nachweisen. Sie fanden chemische Verbindungen in der Netzhaut des Menschen, die auf ganz bestimmte Wellenlängen des Spektrums empfindlich reagieren. Und diese Reaktion stimmte mit den jeweiligen Farbempfindungen der Menschen überein.
Genau belegt werden konnte dies durch Experimente mit Farbenblinden, weil bei den Stäbchen und Zapfen in der Netzhaut von Farbenblinden mindestens einer der farbvermittelnden Stoffe fehlt. Immer nur ein Zapfen enthält die bestimmte Substanz, von der beim Menschen bisher drei gefunden wurden.
Noch besser gelang der Nachweis „farbregistrierender" Zapfen bei Fischen, weil hier dieses winzige Element etwa doppelt so groß ist wie beim Menschen. Übrigens ist die Erkenntnis, daß Tiere Farben sehen können, noch gar nicht so alt: der Nachweis gelang Verhaltensforschern vor etwa zwei Jahrzehnten mit Experimenten an Bienen. Die Bienen lernten, farbige Untersetzer von Futterschälchen von Untersetzern in verschiedenen Grautönen zu unterscheiden. Die Bienen benutzten diese Untersetzer als Orientierungshilfe.

Verlauf der Sehbahn

- Bild
- Sehnerv
- Sehnervenkreuzung
- Sehstrahlung
- Großhirn
- Hinterhauptslappen

Schematischer Aufbau der Netzhaut

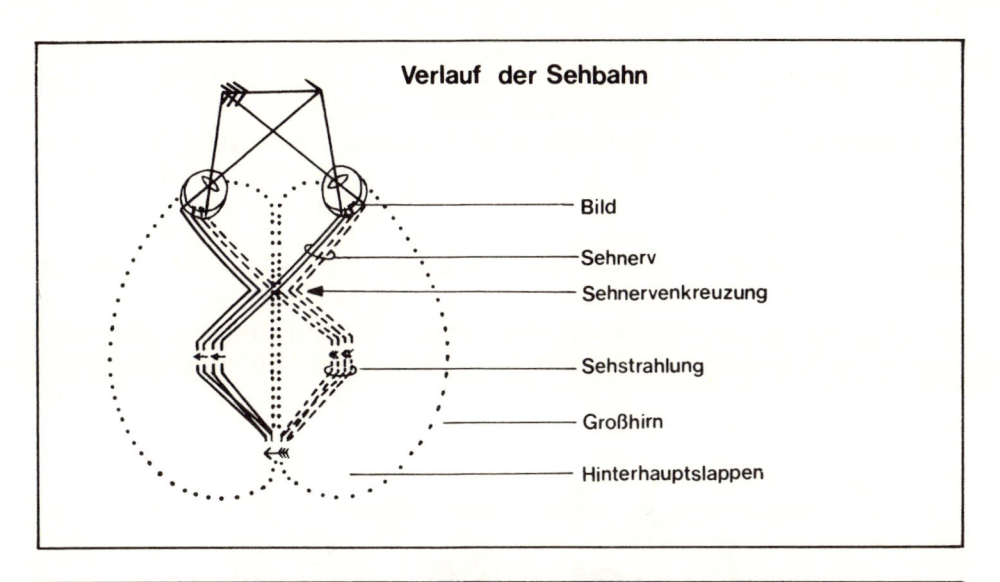

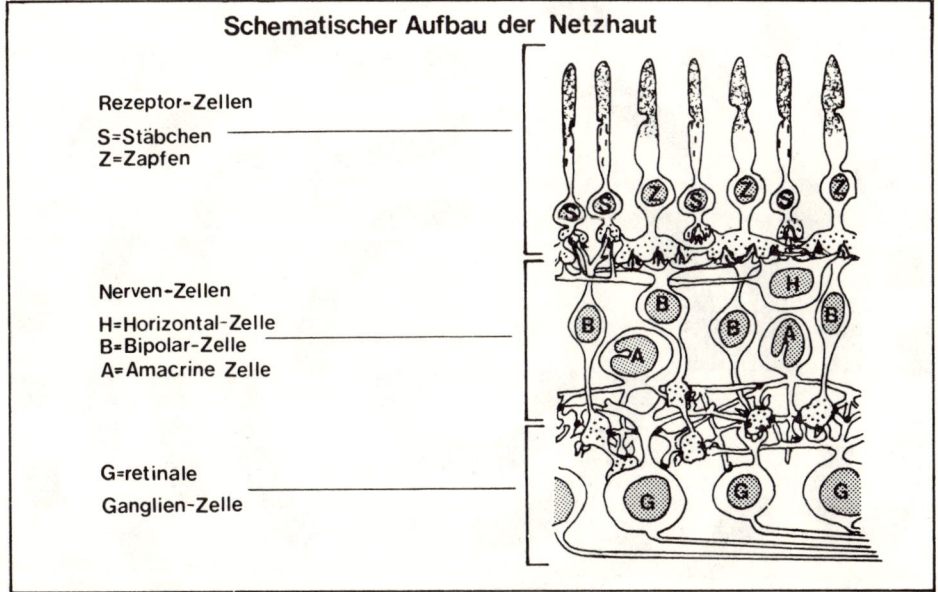

Rezeptor-Zellen
S=Stäbchen
Z=Zapfen

Nerven-Zellen
H=Horizontal-Zelle
B=Bipolar-Zelle
A=Amacrine Zelle

G=retinale
Ganglien-Zelle

Abb. 3: Schematische Darstellung des Sehapparats

Färbt ein Ventilator Licht?

Unvoreingenommen müßte man diese Frage bejahen. Denn sehen wir durch den Propeller eines laufenden Ventilators auf eine helle Lichtquelle, nehmen wir unterschiedliche Farbstreifen wahr. Hier kommen wir bei der Erklärung dieses Phänomens mit dem Farbenspektrum und seiner Zerlegung nicht mehr aus. Diese Farben sind „unnormal".

Es geschieht folgendes: die Empfindung dieser Farben erfolgt aufgrund der schnellen Helligkeitsänderungen. Der Lichtreiz für die Zäpfchen wird in bestimmten Abständen unterbrochen: das Licht flimmert oder flickert. Deshalb heißen die Farben Flimmer- oder *Flickerfarben*.

Ihr Entstehen hat schon Anfang des 19. Jahrhunderts Physiker interessiert. Sie versuchten über Scheiben mit bestimmten Mustern, die sich schnell drehen ließen, Meßgeräte für Grauwerte zu entwickeln. Dabei entdeckten sie bei zu geringen Umdrehungen auf den Scheiben bunte Flecken mit unscharfen Rändern *(Abb. 4)*. Der deutsche Physiker Fechner vermutete damals folgende Ursache: die Zeit zwischen dem Eintreffen eines Lichtreizes auf der Netzhaut und der anschließenden Entstehung von Farbempfindungen muß nach Art der Farbe unterschiedlich lang sein. Deshalb mußten bei raschen Helligkeitswechseln die einzelnen Farbwahrnehmungen hintereinander entstehen und auch in entsprechender Reihenfolge abklingen.

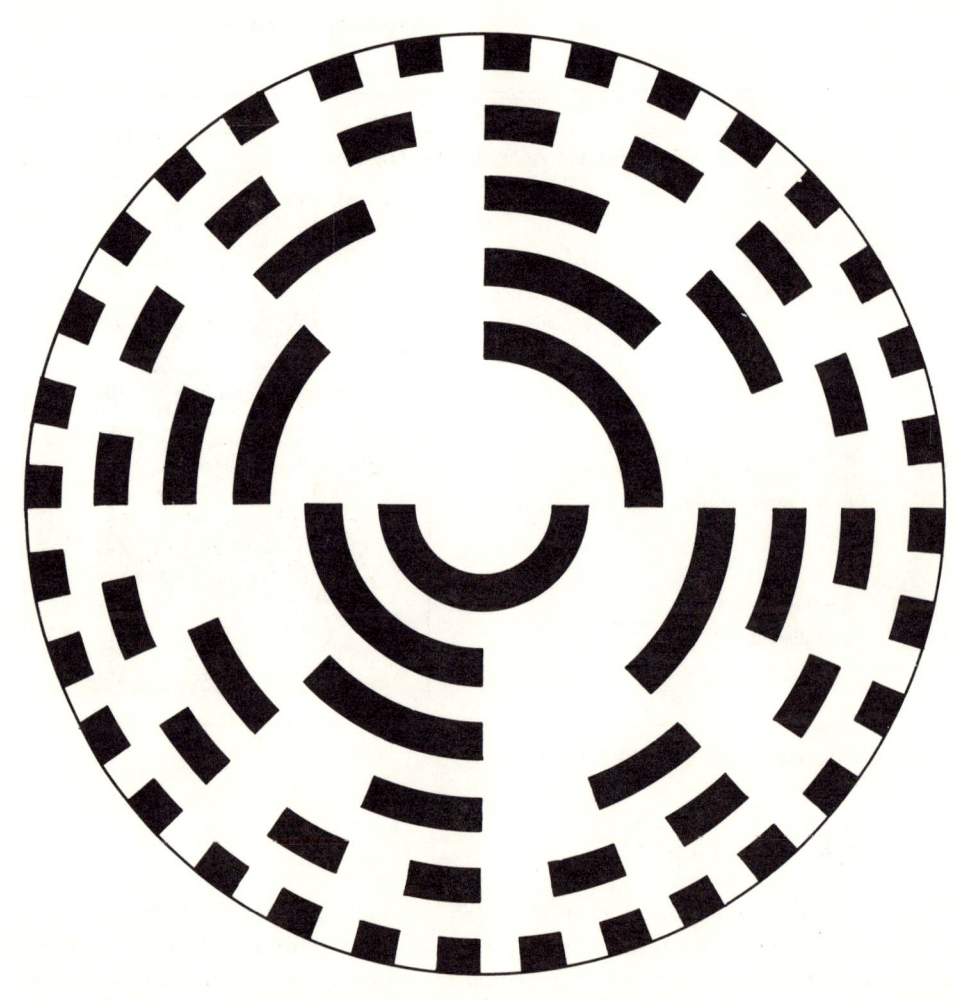

Abb. 4: Flickerscheibe, die bei Drehzahlen, bei denen die äußeren kurzen Sektorstreifen zu grauen Ringen verschmelzen und die inneren noch als umlaufende Teilkreise sichtbar bleiben, im Bereich der mittleren Ringe mehrere ungesättigte Farbtöne zeigt

Aus Schwarzweiß wird Farbe

Diese verblüffende Erkenntnis, und auch wohl die erste im größeren Maß bekannt gewordene Ausnutzung des Flickereffekts, propagierte der Engländer Charles Benham Ende des vergangenen Jahrhunderts. Sein „Spielzeug" zeigt *Abbildung 5*. Drehen wir diese Benhamsche Scheibe gegen den Uhrzeigersinn, verschmelzen bei guter Beleuchtung und einer bestimmten Drehzahl – etwa 5 Umdrehungen pro Sekunde – die äußeren schwarzweißen Streifen zu roten Ringen, die nach innen versetzten Streifen werden der Reihenfolge nach zu grünen, zu schwach blauen und zu tief violetten Ringen. Im Uhrzeigersinn angetrieben, tritt die umgekehrte Reihenfolge auf.

Abb. 5: Benhamsche Scheibe, Antrieb mit einigen Umdrehungen pro Sekunde

Inzwischen wissen die Forscher den Grund: die Empfindung für Blau kommt in unserer Netzhaut am langsamsten zustande, Grün nehmen wir etwas schneller wahr und Rot am schnellsten.

Es gibt noch eine andere Art, das Auge Farbe sehen zu lassen, wo eigentlich keine ist: drehen wir die Scheibe in *Abbildung 6,* erscheinen unter günstigen Bedingungen die äußeren Teilstreifen grün, die innen liegenden rot und die in der Mitte liegenden allgemein grau.

Das paßt jedoch nicht in das von den Wissenschaftlern aufgestellte Konzept für das Entstehen von Flickerfarben. Und zwar deshalb nicht, weil neben dem durch den Wechsel der schwarzen und weißen Viertelkreise bestimmten Lichtprogramm die durch die Teilstriche hervorgerufenen Wechsel gleich sind. Gleiche Lichtprogramme aber rufen im allgemeinen keine Farbe in unserer Netzhaut hervor. Versuche zeigten, daß die unterschiedliche Geschwindigkeit der inneren und äußeren Streifen im Blickfeld belanglos ist. Wichtig ist hingegen die zeitliche Verschiebung der durch die Streifen hervorgerufenen Muster.

Aber auch diese Zeitverschiebung allein bringt noch nicht die Farbe. Es muß das Flickern durch die großen schwarzweißen Sektoren hinzukommen. Damit haben wir eine neue Art von Flickerfarben, die nicht allein durch den Lichtflicker sondern zusätzlich durch zeitverschoben auftretende mehrfache Lichtreize auf die Netzhaut entstehen. Die Wissenschaftler nennen dieses Phänomen durch Muster hervorgerufene Flickerfarben.

Wo entsteht die Flickerfarbe im optischen System des Menschen?

Möglich sind immerhin mehrere Orte im optischen System des Menschen *(Abb. 3).* In Frage kommen die Netzhaut des Auges, der „Weg des Bildes" im Gehirn oder das hintere Großhirn, in dem alle Bildinformationen zusammenlaufen. Dazu müssen wir uns mit dem Mechanismus des Sehens nocheinmal näher befassen:

Die Netzhaut nimmt im inneren Auge eine Fläche von wenigen Quadratzentimetern ein. Auf diesem Areal finden sich reichlich 100 Millionen *Rezeptorzellen,* Zäpfchen oder Stäbchen. Fällt auf diese Rezeptoren Licht, dann laufen in ihnen chemische Prozesse ab, die elektrische Potentiale, also kleine Spannungen, entstehen lassen. Diese treten von den Kontaktstellen der Nervenzellen, den *Synapsen,* von einer zur nächsten Zelle über. Dann gelangen sie zur „Endstation" in der Netzhaut, zu den sogenannten *Ganglienzellen,* die in ihrer Fortsetzung dann den Sehnerv bilden. Dieser leitet die Informationen, teils auf gespaltenen Wegen im Wechsel durch die verschiedenen Gehirnhälften zum Hinterende des Großhirns.

Experimentell, wieder über bestimmte Flickerversuche mit schielfähigen Personen, haben Wissenschaftler nachgewiesen, daß die Empfindung der von Muster hervorgerufenen Flickerfarben eindeutig in der Netzhaut stattfindet *(Abb. 8).* Dazu ließen sie die Informationen von einer Flickerscheibe nahezu getrennt, das heißt, durch ein Spiegelbild mehrfach wiedergegeben, in jedes Auge laufen. Wenn also die Farbe irgendwo im Gehirn zustande kommen sollte, dann hätte sie sich unterschiedlich zeigen müssen. Dieser Unterschied blieb aber aus, so daß nur die Netzhaut infrage kommt.

Abb. 6: Scheibe für musterinduzierte Flickerfarben erzeugt verschiedenfarbige Ringe

Abb. 7: Das Programm der Lichtreize der in Abbildung 6 dargestellten Scheibe, I Lichtreize durch die schwarzen und weißen Kreisausschnitte, II a–d Lichtreize durch die umlaufenden Teilkreise von außen nach innen

Interessant ist, daß es auch Farbverschiebungen gibt, die abhängig davon sind, an welcher Stelle die Netzhaut gereizt wird. Im Zentrum hat die Netzhaut eine weitaus größere Unterschiedsempfindlichkeit. Deshalb empfanden Versuchspersonen nach Lage des Reizes unter bestimmten Bedingungen ein „schönes Rot", weiter vom Zentrum entfernt ein „schmutziges Rot", das dann bis hin zu „unbunt", also grau, führte.

Übrigens konnte inzwischen auch der Verdacht der Verantwortlichkeit der Zapfen für die Entstehung der musterabhängigen Flickerfarben eindeutig bestätigt werden. Mit den Zapfen sehen wir im allgemeinen bei Tageslicht, während die Stäbchen für das Dunkelsehen verantwortlich sind. Da durch Muster hervorgerufene Flickerfarben im Dämmerlicht nicht auftreten, kommen nur die Zapfen für ihre Produktion in Frage.

Noch reizt die Wissenschaftler eine Frage: die Zeitdifferenzen, die sich zwischen zwei durch Streifen auf der Scheibe gebildeten Lichtprogrammen einstellen, sind sehr gering: etwa eine Millisekunde. Und man weiß, ein Nervenimpuls dauert in der Regel eine bis fünf Millisekunden – das Synapsenpotential (jene Spannung, die zur Reizweiterleitung erforderlich ist) sogar zehn bis zwanzig Millisekunden – dann drängt sich die Frage auf: Wie nimmt das langsame Nervensystem diese kurzen Unterschiede noch wahr?

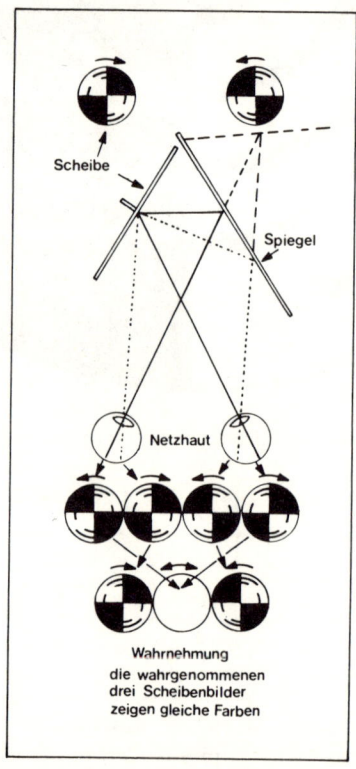

Abb. 8: Zwei schielend betrachtete Scheibenbilder, die per Spiegel so vervielfacht sind, daß vier Scheibenbilder auf der Netzhaut erscheinen, je zwei in einem Auge. In der Wahrnehmung werden die beiden fixierten überlagert, so daß nur drei Scheibenbilder gesehen werden. Damit ist eindeutig die Netzhaut als Ort der Farbempfindung festgestellt

4. GLAS: EIN BEREITS ERFORSCHTES MATERIAL?

„Die harte, durchsichtige, schmelzbare und in geschmolzenem Zustande durch Blasen, Gießen, Pressen, Ziehen usw. leicht verarbeitbare Masse, die wir Glas nennen, ist den Kulturvölkern schon seit langer Zeit bekannt. Die Ägypter haben, wie hieroglyphische Abbildungen beweisen, bereits die Kunst des Glasblasens ausgeübt. Der reine Sand der Wüste und die dort vorkommende natürliche Soda boten ihnen günstige Materialien", so steht es in einem hundert Jahre alten Orbis-pictus-Lexikon. Man sollte daher meinen, Glas gehöre heute nicht mehr zu den Problemen, über die es sich lohnt, nachzudenken. Doch weit gefehlt.

Normales Fensterglas ist zwar durchsichtig für den Wellenlängenbereich, den unser Auge registrieren kann — und der ist nicht sehr groß, wie wir vom Spektrum wissen *(Abb. 1)*. Normales Fensterglas ist aber nicht durchlässig für die anderen Wellenlängen.

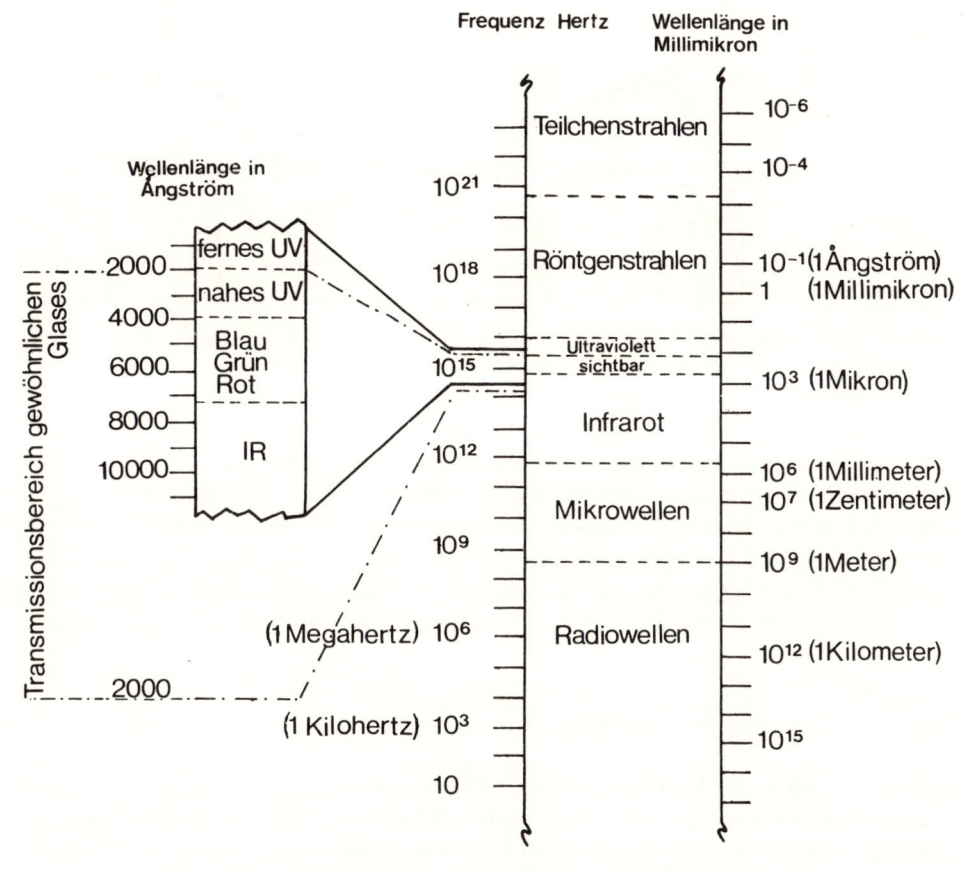

Abb. 1: Das elektromagnetische Spektrum mit Glas-Transmissionsbereichen

Sicher kennen Sie folgendes Beispiel aus eigener Erfahrung: stellen wir an einem kühlen Sonnentag unser Auto in die Sonne und schließen die Fenster, gleicht das Auto nach einiger Zeit einem Brutkasten. Und das, obwohl die Umgebung nahezu kühl ist.

Hierbei spielt die *Durchlässigkeit* des Glases eine Rolle. Die Sonnenstrahlen werden vom Autopolster *absorbiert*. Die Gegenstände erwärmen sich, und das einfallende Licht wird wieder abgestrahlt, jedoch in einem anderen Wellenlängenbereich: im *Infrarotbereich*. Es hat also eine Umwandlung stattgefunden. Und diese langwellige Strahlung nun wird vom Fensterglas *reflektiert*, die Strahlen können also nicht mehr nach außen gelangen. Die Folge davon ist: es entsteht eine Bruthitze. Genau dieser Effekt wird beispielsweise bei Treibhäusern genutzt *(Abb. 2)*.

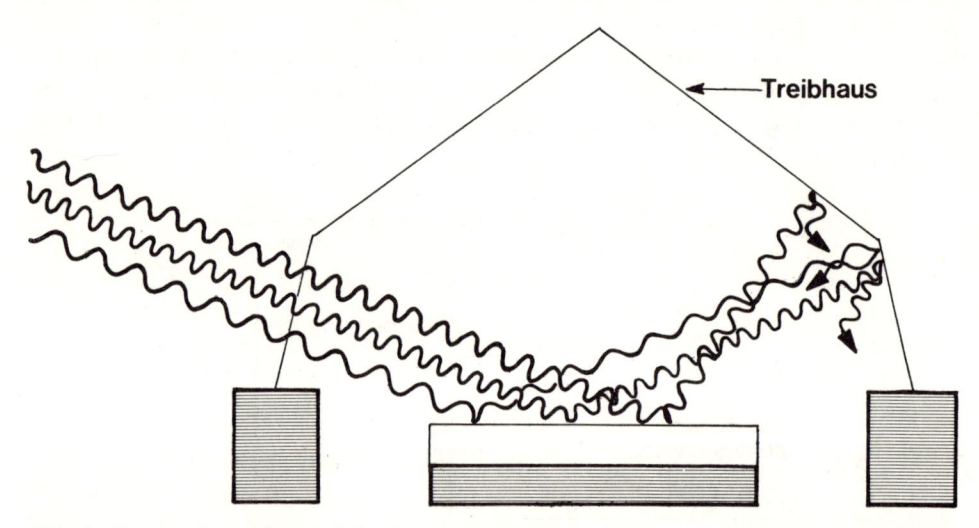

Abb. 2: Umwandlung des einfallenden Lichts im Treibhaus auf dem Beet in langwelligere Strahlung mit anschliessender Reflexion am Glas. Derselbe Effekt läuft beim Auto auf den Polstern ab

Unserer Erde geht es ähnlich: die Sonnenstrahlen, die von der Atmosphäre durchgelassen werden, erwärmen die Erdoberfläche. In der Nacht strahlt die Erde nur die langwelligen Wärmestrahlen ab. Ist der Himmel bedeckt, können nur wenige Wellenlängen die Wolkendecke durchdringen, die Atmosphäre darunter bleibt warm. Sternklare Nächte sind deshalb kühler, eben weil die Wärmestrahlung nahezu ungehindert in das Weltall gelangen kann.

Leben in einer Thermosflasche

Leben, wie in einer Thermosflasche, wird uns von einigen Pessimisten vorausgesagt. Denn seit einiger Zeit beobachten Wissenschaftler einen ständigen Anstieg des *Kohlendioxidgehalts* in der Atmosphäre. Nicht nur in Industriegebieten, sondern gleichmäßig über die gesamte Erdoberfläche verteilt.

Zwar wird das Kohlendioxid zum großen Teil von den Pflanzen verarbeitet oder im Meerwasser gelöst. Die steigende Verbrennung fossiler Stoffe aber stört dieses Gleichgewicht empfindlich. Hochrechnungen zeigen, daß selbst bei dem verstärkten Einsatz von Kernkraftwerken, und damit einer Verminderung der Kohle- und Ölverbrennung, der Kohlendioxidgehalt in der Atmospähre im Jahre 2000 um 20 Prozent gestiegen sein wird.

Kohlendioxid aber läßt – wie das Fensterglas – nur den sichtbaren Teil der Sonnenstrahlung durch, nicht aber die von der Erde abgestrahlten langwelligen Wärmewellen. Deshalb könnte im Jahre 2000 die Durchschnittstemperatur der Erde um ein halbes Grad Celsius gestiegen sein.

Wieder eine Aufgabe für Umweltschützer; denn diese höheren Temperaturen führen zu einem verstärkten Abschmelzen des Polareises und zu Änderungen der üblichen Windbewegungen unseres Wetters. Dadurch kann der Prozeß der Kohlendioxidvermehrung wiederum gesteigert werden: höhere Temperaturen bedeuten höhere Abgabe des im Meerwasser gelösten Kohlendioxids. Ein wahrer Teufelskreis.

Genutzte Reflexion

Reflexion kann aber auch genutzt werden, beispielsweise dazu, einen verglasten Raum vor allzu starker Sonneneinstrahlung zu schützen: dazu werden in das Glas Farbstoffe eingelagert, wodurch ein Teil des einstrahlenden Lichtes absorbiert wird. Durch Grünglas dringen zum Beispiel nur 67 Prozent des Lichtes *(Abb. 3)*. Alles erscheint jedoch in einem „Hauch von Grün", was nicht jedermanns Sache ist. Deshalb versucht man, alle Farben, bzw. alle Wellenlängen, gleichermaßen zu dämpfen. Dazu werden schwarze Stoffe in das Glas eingelagert, von denen alle Farben verschluckt werden. Dieses sogenannte *Grauglas* läßt 42 Prozent des Lichtes durch, und die Farben erscheinen wirklichkeitsgetreu *(Abb. 4)*. In der Fotografie verwendet man deshalb auch *Graufilter,* um das Licht farbgetreu zu dämpfen.

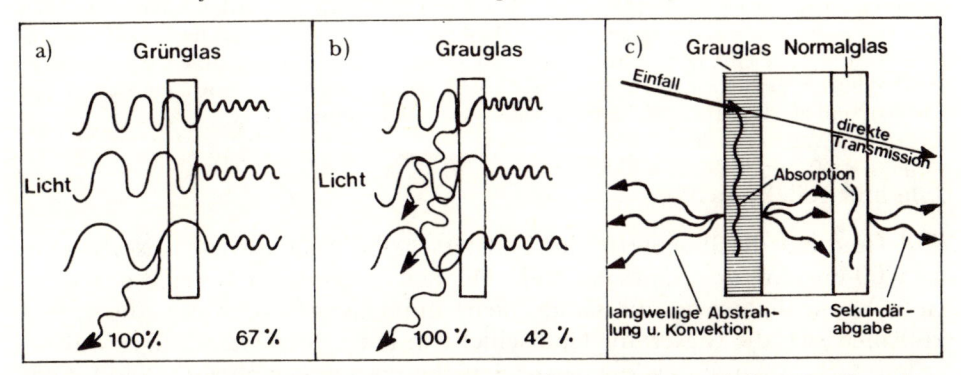

Abb. 3: a) Absorptionsverhalten des Grünglases; b) Absorptionsverhalten des Grauglases; c) Graugläser nehmen die Sonnenstrahlung in der Glasmasse auf und wandeln sie in Wärme um. Nachteile sind, daß die Scheiben warm werden und auch nach innen strahlen, daß ihr Wirkungsgrad nicht konstant ist und daß sie meist vorgespannt werden müssen. Vorteile sind, daß die Scheiben billig, dekorativ und unempfindlich sind

Bei Fenstergläsern zeigt die Absorption des Lichtes jedoch auch einige Nachteile: die Sonnenstrahlung wird teilweise vom eingefärbten Glas verschluckt, diese aufgenommene Energie muß aber irgendwo bleiben — sie erscheint als Wärme. Diese Wärmestrahlung wird nach außen und auch innen abgegeben, so daß sich der Innenraum erwärmt.

Außerdem muß folgendes Phänomen berücksichtigt werden: Glas dehnt sich bei Wärme aus. Deshalb müssen große Glasflächen mit Vorspannungen eingebaut werden *(Abb. 5)*.

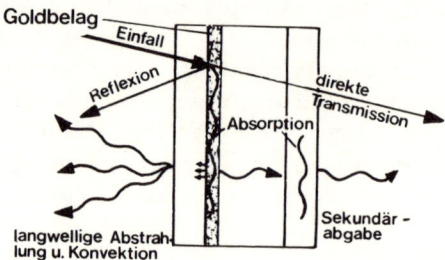

Abb. 4: Metall-Reflexionsbeläge spiegeln die Sonnenstrahlung teilweise und absorbieren sie teilweise. Die Scheiben wirken dunkler als normale Gläser. Nachteil dieses Scheibentyps sind die ungleichmäßigen Reflexfarben und die Änderung der Farbe des durchgehenden Lichts. Ihr Vorteil ist die geringe Gesamtdurchlässigkeit und die Verminderung des k-Wertes (Wärmedurchgangszahl)

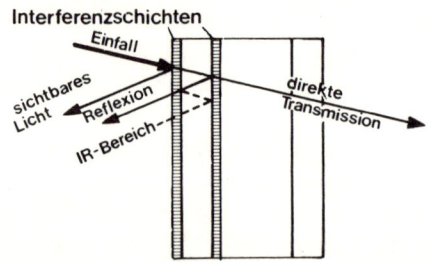

Abb. 5: Interferenz-Reflexionsschichten spiegeln die Sonnenstrahlung durch Überlagerung der Lichtwellen. Sie erhitzen sich kaum durch Absorption. Ihre Nachteile sind, daß sie durch harte Gegenstände (Stahl und Scheuermittel) verletzt werden können und daß sie einen mittleren Wirkungsgrad haben. Als wesentliche Vorteile sind hervorzuheben die Tatsachen, daß sie eine farbneutrale, helle, gleichmäßige Ansicht von außen geben, daß sie das durchgehende helle Licht nicht in der Farbe verfälschen und daß sie auch als Einfachscheiben und als gehärtete Scheiben verwendet werden können

Gold hilft reflektieren

Wird Gold auf die Innenseite der Fensterscheibe gedampft, so absorbiert es etwa 60 Prozent des Sonnenlichtes. Für den gelb-grünen Bereich des sichtbaren Sonnenlichtes ist die Goldschicht durchlässig. Durch die Absorption erwärmen sich die Gläser; die Goldschicht strahlt jedoch viel weniger Wärmewellen nach innen ab, als die ganze Scheibe nach außen abgibt. Gold besitzt einen niedrigen Emissionswert für Wärmestrahlung und ist dadurch wärmedämmend. Außerdem reflektiert die Goldschicht einen Teil des auftreffenden Sonnenlichtes. Deshalb stehen viel weniger mit Energie bepackte Wellen zur Umwandlung in Wärme zur Verfügung.

Glas gegen Gammastrahlen

Auch für die Kernforschung ist Glas wichtig. Es wird dort als „durchsichtiger Schutz" gegen Gammastrahlen und andere ionisierende Strahlen verwendet. Zum Beispiel bei der Arbeit in den sogenannten *Heißen Zellen,* in denen radioaktive Brennelemente untersucht werden, die aus dem Reaktor kommen. Diese Untersuchung ist wichtig für die Verbesserung der Brennstäbe, deren Metallhüllen durch Spaltgase zerrissen werden können. Das radioaktive Material würde dann in den Kühlwasserkreislauf gelangen, von wo es nur unter Schwierigkeiten zu entfernen wäre.

Ebenso wie man Glas so auslegen kann, daß nur bestimmte elektromagnetische Wellen durchgelassen werden, ist es möglich, durch Zusätze für das Glas auch Alpha-, Beta- oder Gammastrahlung am Durchdringen zu hindern. Zusatz ist unter anderem Blei. Glas kann bis zu 80 Prozent Blei enthalten. Man sollte meinen, das Glas könne bei diesem hohen Prozentsatz an Blei nicht mehr durchsichtig sein. Doch handelt es sich hierbei um *Bleioxid,* das sich gegenüber den Wellen des sichtbaren Bereichs anders als Blei verhält. Sehen wir uns zur Verdeutlichung *Abbildung 6* an:

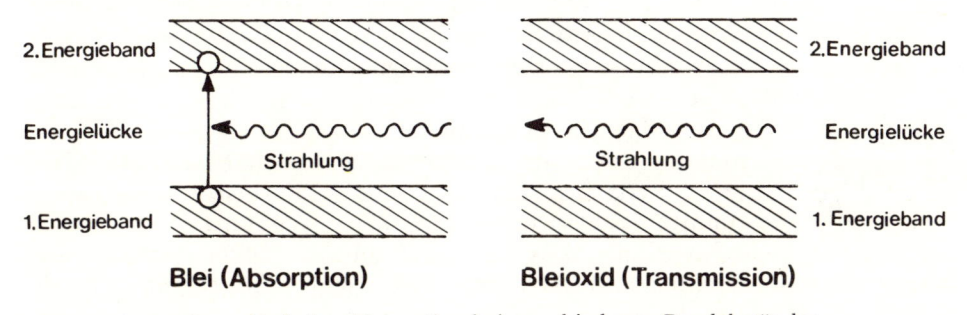

Abb. 6: Absorption oder keine Absorption bei verschiedenen Bandabständen

Gefährliche Sonnenstrahlen

Sonnenstrahlen zerstören die Zellen unserer Haut. Besonders gefährlich sind die *UV-Strahlen,* die eine hohe Energie besitzen. Unsere Haut schützt sich vor dieser Strahlung, indem sie *Pigmentzellen* bildet. Die Pigmentzellen sind dunkel; deshalb werden wir durch Sonnenbestrahlung braun: ein Zeichen für die Absorptionsfähigkeit dieser Pigmentzellen.

Unser Auge hingegen hat es schwerer. Es kann zwar die Eintrittsöffnung für das Licht — die Pupille — verkleinern, trotzdem können die gefährlichen UV-Strahlen die empfindlichen Sehzellen zerstören. Deshalb versuchen wir, uns mit einer Sonnenbrille zu schützen. Eine Sonnenbrille dunkelt zwar das grelle Licht ab, UV-Strahlen aber sind unsichtbar. Wir können nicht kontrollieren, ob sie von der Sonnenbrille herausgefiltert werden. Tests haben gezeigt, daß Kunststoffbrillen oft die UV-Strahlen nicht zu filtern vermögen. Kunststoffbrillen sind — soweit es sich nicht um polarisierende Typen handelt — besonders gefährlich: die dunklen Gläser animieren unsere Pupille nämlich zum größeren Lichteinlaß, dadurch öffnet sie sich weit und die nicht herausgefilterten UV-Anteile können ungehindert in das Augeninnere gelangen und nicht wiedergutzumachende Schäden verursachen.

Auch Glas schließt nicht völlig diese Gefahr aus, doch hat es den Vorteil, daß es an sich schon einen großen Teil der UV-Strahlen herausfiltert. Deshalb ist es beispielsweise wenig sinnvoll, sich hinter Fensterglas sonnen zu wollen.

Fototropes Glas

Ein universales Brillenglas wäre: ein Glas, das sich der Helligkeit anpassen kann. Das Glas müßte sich bei Sonnenschein selbsttätig verdunkeln, und bei bedecktem Himmel — also bei geringem Lichteinfall — müßte es wieder stark durchlässig sein.

Das ist keine Wunschvorstellung mehr. Dieses Glas gibt es bereits seit Beginn der sechziger Jahre. Die Durchlässigkeit hängt hier vom vorhandenen Licht ab. Lange Zeit galt dieses Phänomen jedoch mehr als interessante Kuriosität. Die Wissenschaftler unternahmen keine ernsthaften Versuche, diesen *fototropen* Effekt für praktische Anwendung zu nutzen. Gründe für diese Unlust waren die ungenügenden Eigenschaften der seinerzeit vorhandenen Gläser: die brachen leicht, zeigten den Effekt nicht lange, waren sehr ungleichmäßig im Aufbau und gingen nach längerem Gebrauch nicht wieder in die „Ausgangsstellung" zurück — das Glas blieb dunkel.

Die Lösung brachten dann von amerikanischen Wissenschaftlern entwickelte silberhalogenhaltige *Borosilikatgläser.* Ihre *optische Dichte* — die Sperrfähigkeit für bestimmte Lichtanteile — vergrößert sich unter ultravioletter oder blauer Lichteinwirkung. Das Glas wird dunkel. Heller wird es durch Wärme oder durch das damit verwandte rote Licht. Voraussetzung für das Funktionieren dieser Anpassungsfähigkeit ist allerdings eine gewisse Plattendicke des Glases: zwischen 0,5 und 3 mm.

Das Geheimnis des fototropen Glases sind die als Verbindung eingelagerten *Silberbromidkristalle.* Nur 100 Ångström ($1 Å = 10^{-8}$ cm) groß, liegen sie in einem Abstand von 600 Ångström beieinander. Das ergibt dann die unvorstellbar hohe Anzahl von 4 Billiarden Kristallen auf einem Kubikzentimeter. Fällt nun Licht — aus dem ultravioletten oder blauen Bereich — auf das zunächst gebundene farblose Silber, dann verliert es seine Bindung und wechselt in den atomaren reinen Zustand über; dabei wird das Silber schwarz und mit ihm bis zu einem gewissen Grad das Glas. Bis hier läuft alles ähnlich wie beim Fotografieren ab. Allerdings ist der Vorgang beim Fotografieren endgültig, also nicht umkehrbar.

Die mögliche Umkehrung beim fototropen Glas ist eigentlich das Bemerkenswerte an diesem neuen Stoff. Denn im Gegensatz zur *fotografischen Emulsion* — wo sich Silber und das entsprechende Halogen, meist Jod, endgültig scheiden — ist bei fototropen Gläsern das entsprechende Halogen, Brom, fest im Glas „gefangen". Wärme oder rotes Licht helfen dem Brom, wieder die alte Verbindung einzugehen. Aus dem schwarzen wird dann wieder gebundenes farbloses Silber.

Fototropes Glas als optischer Speicher

Um auf die vielfältigen Anwendungsmöglichkeiten von fototropen Gläsern zu kommen, müssen wir nochmal einen genauen Blick auf die Wellenlängen des Spektrums werfen, bei denen die einzelnen Prozesse im Glas ablaufen:

Abb. 7: Brille mit einem fototropen und einem normalen Glas

Schwärzung gibt es auf der blauen Seite des Spektrums: bei 3100 bis 4000 Ångström. Licht an der anderen, der roten Seite, mit 5300 bis 6300 Ångström, macht das Glas wieder durchsichtig. Dazwischen liegt ein schmaler Bereich zwischen 4300 und 5400 Ångström – der grüne Teil des sichtbaren Spektrums. Diese Wellen üben nahezu keinen Einfluß auf das fototrope Glas aus, weder zur einen, noch zur anderen Seite hin. Dieser Korridor nun bietet die Möglichkeit, den Zustand des fototropen Glases abzulesen, ohne ihn zu verändern. Man kann feststellen, ob das Glas dunkel oder hell ist. Und das ist für die technische Anwendung von großer Bedeutung.

Fototropes Glas ist bei weitem nicht empfindlich genug, um zum Beispiel als Platte in Kameras immer wieder verwendet zu werden. Hat man aber entsprechend starke Lichtquellen, wie beispielsweise *Laser,* dann läßt sich das Glas leicht und schnell an bestimmten Stellen schwärzen, und so könnte eine Information untergebracht werden. Damit stünde ein *optischer Speicher* für Computer zur Verfügung, der sich auf nahezu beliebige Größen bringen ließe. Ein Handicap bedeutet heute noch das Fehlen eines schnellen Ablenkers – ein Kristall mit steuerbaren optischen Eigenschaften – für Laserstrahlen, um diesen, wie beim Lesen, Zeile für Zeile über das Glas gleiten zu lassen. Entsprechende Entwicklungen in den Labors gibt es bereits, so daß man innerhalb der nächsten fünf Jahre hier durchaus einen Durchbruch erwarten darf.

Ähnlich verhält es sich mit dem Einspeichern von Bildmustern in fototropes Glas, in denen als Aufzeichnung von Wellenzuständen Gegenstände dreidimensional festgehalten sind. Derartig eingefrorene Bilder, *Hologramme,* lassen sich durch wiederholtes Beleuchten mit einem Laserstrahl wiedergeben. Doch auch hier müssen erst ausreichend dünne fototrope Gläser entwickelt werden, bis dem heutigen Fotomaterial ernstlich Konkurrenz gemacht werden kann. Anwendungen von Hologrammen gibt es in der Materialprüfung bereits genug.

Praktische Anwendung hat das fototrope Glas in der Öffentlichkeit zunächst in Brillen gefunden. Hier macht es einen gesonderten Sonnenschutz oder eine Sonnenbrille überflüssig. Bei Einfall von Sonnenlicht verdunkelt es sich, sobald die Strahlung aufhört, wird es wieder hell wie normales Glas. Die erreichbaren „Verdunkelungsgrade" liegen normalerweise zwischen 15 und 50 Prozent für UV-Strahlung. *Abbildung* 7 zeigt eine Brille, die auf der einen Seite mit fototropen Glas und auf der anderen Seite mit normalem Glas ausgestattet ist.

Wie fest ist Glas?

Autoglas muß ungefährlich sein: die Struktur des Glases muß so beschaffen sein, daß es bei starker Beanspruchung – bzw. beim Bruch – in Körner zerkrümeln kann, so daß es bei Unfällen keine Schnittverletzungen verursachen kann.

Wie stark kann man Glas überhaupt beanspruchen? Warum gilt dieser transparente Stoff eigentlich als so zerbrechlich? Ist er es wirklich?
Glas ist ein *amorpher* Werkstoff, das heißt: im Glas besteht keine geregelte Ordnung. Das Grundgerüst ist ein *Tetraeder,* ein von vier gleichseitigen Dreiecken begrenzter Körper, wie wir ihn von einer Milchtütenform her kennen, die immer auf einen dreieckigen Seite stabil aufliegt. Man muß sich den chemischen Aufbau folgendermaßen vorstellen: im Zentrum dieses Tetraeders befinden sich ein *Siliziumatom* und in jeder der vier Ecken je ein *Sauerstoffatom*. Diese Sauerstoffatome teilt der eine betrachtete Tetraeder meist mit vier gleichen benachbarten Körpern. Das ergibt im Glas ein dreidimensionales Netzwerk. Diese starke Vernetzung macht Silikatglas theoretisch ebenso elastisch wie Aluminium.
Glas ist also nicht so empfindlich und zerbrechlich wie gemeinhin angenommen wird. Was zu dieser Annahme führte, ist seine außerordentliche Sprödigkeit und *Kerbempfindlichkeit*. Winzige Risse an der Oberfläche führen schon bei geringsten Zugbeanspruchungen zum Bruch. Da diese Risse oder kleinen Kratzer an der Oberfläche von Glas fast immer vorhanden sind, erreicht die praktische Festigkeit nur etwa ein Hundertstel der theoretischen Festigkeit.

Thermische Vorspannung

Wie kann man Glas mechanisch fester machen? Eigentlich ist es derselbe Vorgang wie das Härten von Stahl: das Glas wird einer Wärmebehandlung unterzogen. Im geschmolzenen Zustand besitzt Glas – wie jede Flüssigkeit – keine feste Molekülordnung. Es wird, ohne zu kristallisieren, von der Schmelze auf Raumtemperatur abgekühlt. Geschieht die Abkühlung in einem Temperaturbereich, in dem die Zähigkeit der Schmelze noch gering ist – die Abkühlung muß schnell erfolgen, sonst tritt diese Zähigkeit oder *Viskosität* dennoch auf –, bleiben Spannungen in die Oberfläche des erhärteten Glases eingefroren.
Diese Spannungen sind nur an der Oberfläche vorhanden, und zwar deshalb, weil die Oberfläche schneller abkühlt als das Innere der Schmelze. Die Oberfläche kann sich also nicht weiter zusammenziehen, während die langsamere Abkühlung im Innern Zugkräfte auf die Oberfläche hervorruft. Soll nun dieses so behandelte Glas zertrümmert werden, müssen zusätzlich diese Zugkräfte überwunden werden, die in der Regel ein Dreifaches der üblichen Festigkeit des Glases bringen.

Chemische Vorspannung

Eine Verdreifachung der Festigkeit kann also mit einer Wärmebehandlung erzielt werden. Mit einer chemischen Behandlung können wir jedoch den zehnfachen Wert erreichen. Ist das Glas etwas natriumhaltig, lassen sich in einer Salzschmelze mit Kaliumnitrat die Natriumionen durch Kaliumionen ersetzen. Diese Ionen sind Metallatome mit einer elektrischen Ladung

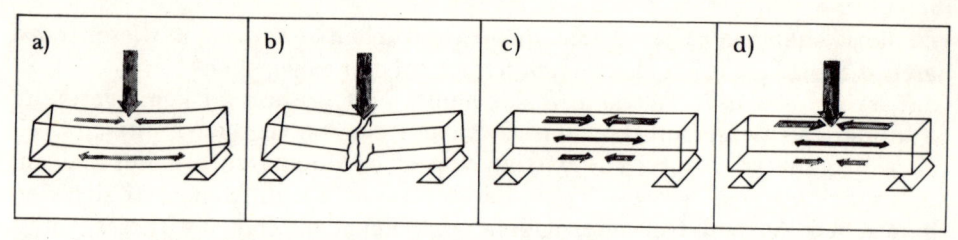

Abb. 8 a–d: Wird Druck auf den Glaskörper ausgeübt, wirken im Glas Kräfte — hier durch Pfeile dargestellt. Das Glas wird auf der Oberseite zusammen- und auf der Unterseite auseinandergedrückt. Verstärkt sich der äußere Druck, so zerreißt das Molekulargefüge — der Glasstab bricht. — Durch die Vorspannung des Glases treten Kräfte auf, die den durch äußeren Druck erzeugten Kräften entgegengerichtet sind. Der Glasstab (e, d) kann jetzt stärker belastet werden, denn die in dem Glasstab wirkenden Kräfte werden durch die Vorspannung abgeschwächt.

(Abb. 9). Da die Größe der Kaliumionen die der Natriumionen wesentlich übersteigt, entstehen ähnlich wie bei der Wärmefestigung Spannungen in der Oberflächenschicht. Der Tiefgang der Kaliumionen hängt von der gewählten Temperatur und der Dauer dieser Behandlung ab.

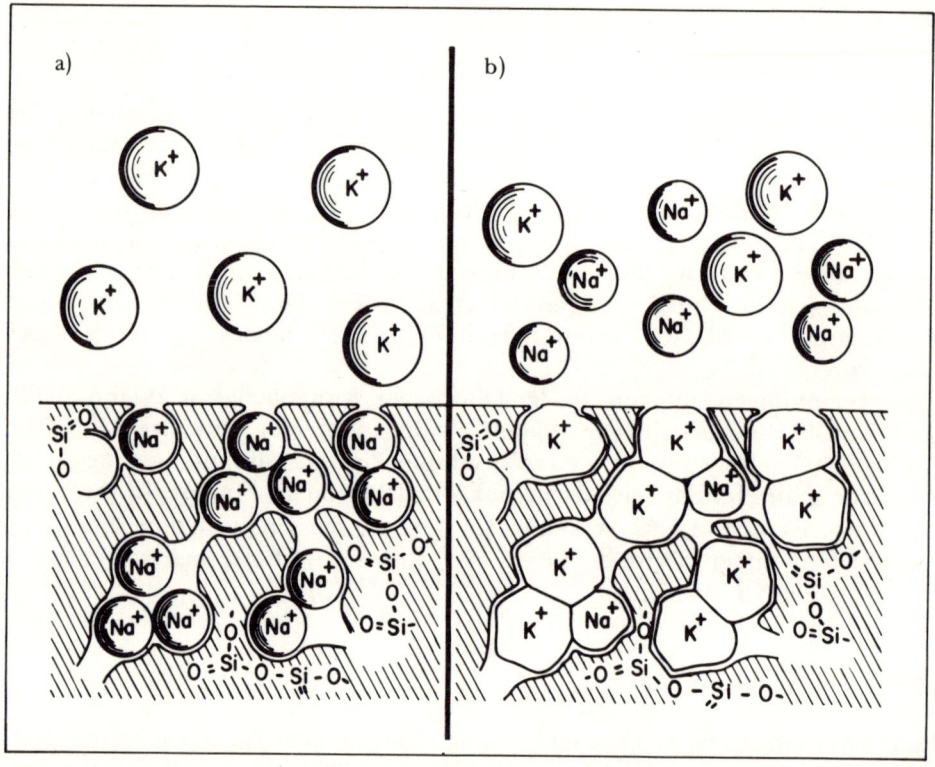

Abb. 9: Prinzip der chemischen Verfestigung von Glas und Ionenaustausch in der Salzschmelze; a) vor dem Ionenaustausch; b) danach. Die größeren Kaliumionen verdrängen die Natriumionen. Das führt zu hohen Kompressionsspannungen in der Oberflächenschicht

Das so enstandene Glas eignet sich hervorragend zur Herstellung von stark beanspruchten Gegenständen mit dünnen Glaswänden. Windschutzscheiben von Motorfahrzeugen, Flugzeugen und Booten gehören ebenso dazu wie beispielsweise Pipetten. Als Flachglas läßt es sich fast biegen wie Kunststoff.
Wie überlegen diese Art Glas anderen Glas- und Kunststoffarten ist, zeigt ein Versuch:
Eine US-Vorschrift besagt, Brillengläser müssen dem Aufprall einer 16-mm-Stahlkugel, aus 127 cm Höhe fallend, heil widerstehen. *Abbildung 10* zeigt drei verschiedene Brillenlinsen, auf die jeweils eine 15,4 mm dicke Stahlkugel fiel. In *Abbildung 10 a* des Versuchs zerschlägt die Kugel aus etwa 140 cm ein thermisch gehärtetes Brillenglas. Die Kunststofflinse in *Abbildung 10 b* zerschellt beim Fall aus 152 cm Höhe, während die chemisch verfestigte Linse in *Abbildung 10 c* den Aufprall aus etwa 3 m Höhe ohne Schaden übersteht.

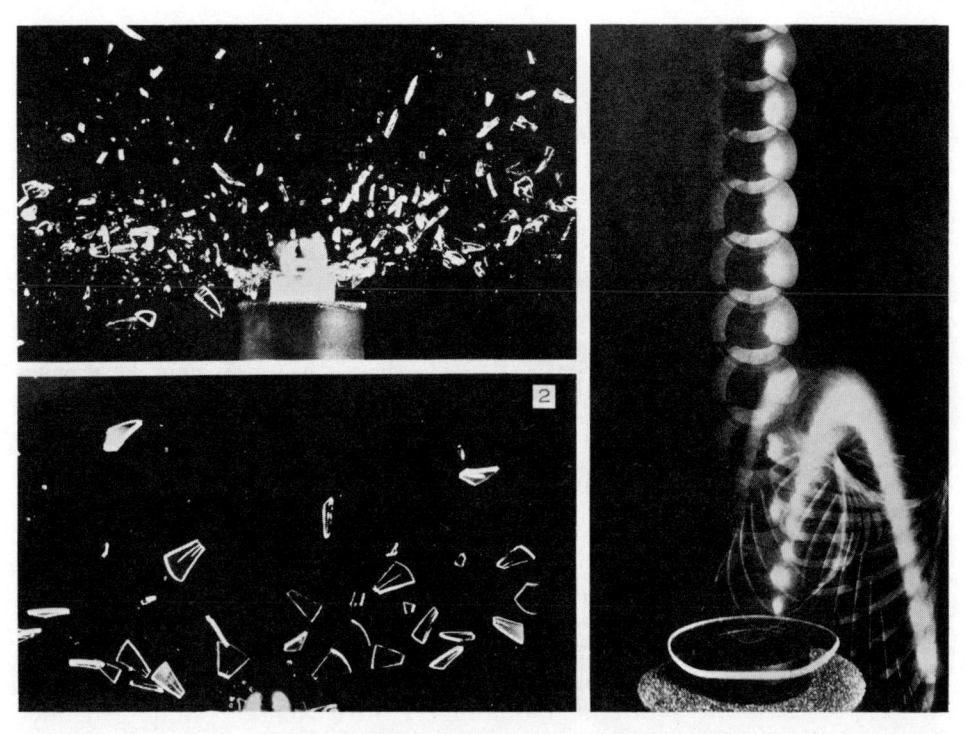

Abb. 10: Test der Festigkeit von Brillengläsern; 1) eine Stahlkugel fällt auf eine thermisch gehärtete Linse; 2) ... auf eine Kunststofflinse; 3) ... aus doppelter Höhe auf eine chemisch verfestigte Linse

Glas für hohe Beanspruchungen gibt es also. Doch wie steht es mit dem „Krümeln"? Hier schließt eine Eigenschaft die andere ein: wird die unter Druck stehende Oberflächenschicht verletzt, zerspringt das Glas in desto kleinere Stücke, je größer die in ihm gespeicherte Energie ist. Dazu wieder ein Versuch *(Abb. 11)*:

a)

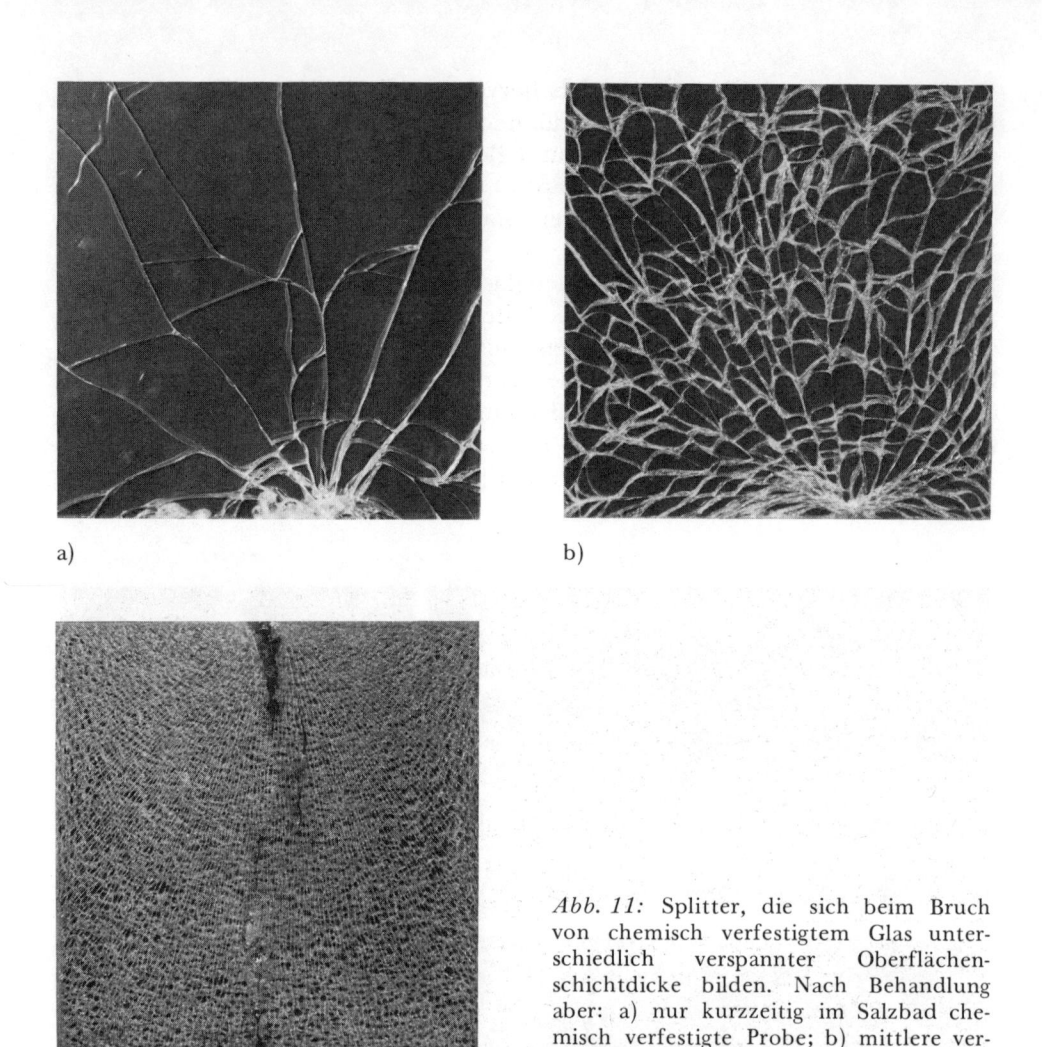

b)

c)

Abb. 11: Splitter, die sich beim Bruch von chemisch verfestigtem Glas unterschiedlich verspannter Oberflächenschichtdicke bilden. Nach Behandlung aber: a) nur kurzzeitig im Salzbad chemisch verfestigte Probe; b) mittlere verspannte Oberflächenschicht; c) sehr dicke verspannte Schicht

Drei Proben von chemisch verstärktem Glas werden durch einen Schlag auf die Kante zerbrochen. Bei der Probe in *Abbildung 11 a* reicht die chemische Verstärkung nicht tief; das Glas bricht grobstückig, etwa gleich wie thermisch verfestigtes Glas. Die Probe in *Abbildung 11 b* ist chemisch weitergehender verfestigt, die Bruchstücke sind nur noch 5 bis 10 Millimeter groß. Bei der Probe in *Abbildung 11 c* hat die Behandlung im Salzbad am längsten gedauert, das Glas zerfällt in winzige Splitter.

Diese Art Glas soll als Cockpitverglasung von Kriegsflugzeugen eingesetzt werden, damit sich die Piloten im Notfall beim „Durchschießen" der Cockpitscheibe mit dem Schleudersitz nicht unnötig verletzen. Dieses Glas wird zum Schutz chemischer Anlagen als sogenannte *Berstscheibe* verwendet, die zum Beispiel in Rohrleitungen oder chemischen Apparaten bei einem genau bekannten Überdruck bricht, um weitere Schäden im System zu verhindern.

Auch zur Autoverglasung wird diese Glassorte neuerdings verwendet. So werden die Vorteile von feinkrümelndem Glas mit denen des *Verbundglases* vereint. Zwar sind sich die Experten über die Vorteile des Verbundglases einig, doch kann man nicht die Tatsache übersehen, daß vielfach beim Bruch des Verbundglases große, scharfe Splitter entstehen. Diese Splitter treten nicht bei einer Scheibe auf, die innen aus einer 1,8 Millimeter dicken, stark verspannten Glasplatte besteht. Sie ist über einen Kunststoff mit einer Platte aus gewöhnlichem Glas verbunden. Bei einem Unfall kann diese Scheibe relativ leicht durchstoßen werden, so daß die Kopfverletzungen gering sind. Außerdem zerfällt diese Scheibe in kleine Bruchstücke ohne scharfe Kanten und mindert so zusätzlich die Gefahr häßlicher Schnittwunden im Gesicht.

Abb. 12: Preiswertes, temperaturbeständiges Glas ist milchig transparent (durch Kristallausscheidung während der Abkühlung)

Temperatursprung: Tod des Glases?

Auch den schnellen Wechsel von heiß auf kalt übersteht das Glas inzwischen: hier hilft ebenfalls die chemische Verfestigung. Leider aber ist chemisch verfestigtes Glas für Massenartikel zu teuer.

Für den Bedarf an Geschirr, das hitzebeständig ist und trotzdem an Glas erinnert, wurde ein preiswertes Schichtenverfahren entwickelt. Hier verbinden die Glaswerker eine äußere Glasschicht mit einem hohen und einen Kern mit einem niedrigen Ausdehnungskoeffizienten. Das geschieht, wenn sich das Glas in einem teigigen Zustand befindet. Nach dem Abkühlen ist die äußere Schicht wie beim chemisch verstärkten Glas verspannt und hat eine entsprechend hohe mechanische Festigkeit, verträgt also Temperatursprünge. Ein Nachteil dieses billigen Verfahrens ist: das Glas sieht milchig aus. Dieser milchige, wenn auch transparente Charakter stellt sich während der Abkühlung durch die Ausscheidung von Kalziumfluoridkristallen ein *(Abb. 12)*.

5. MIKROSKOPIE: ATOME SEHEN KÖNNEN?

Atome sehen so und so aus, sie besitzen einen Atomkern und Elektronen: so steht es überall geschrieben. Gesehen aber hat sie noch kein Mensch. Gibt es überhaupt Atome? Werden wir sie je sehen können? Nehmen wir einfach ein sehr starkes Mikroskop zu Hilfe, werden Sie sagen. Nun, die Sache ist komplizierter.

Wollen wir ein Objekt größer sehen, gehen wir zunächst einmal näher heran. Wir vergrößern den *Betrachtungswinkel*, unter dem das Auge das Objekt abtasten kann. So sind mehr Details zu erkennen. Geht das Auge jedoch sehr nahe an das Objekt heran, sieht es unscharf. Doch hier gibt es Hilfsmittel: zum Beispiel die *Lupe*. Mit ihr kann der Betrachtungswinkel vergrößert und gleichzeitig die Sehschärfe beibehalten werden.

Ein anderes Hilfsmittel ist das Mikroskop. Das einfachste „Mikroskop" ist das *Tropfenmikroskop*. Es besteht aus einem Wassertropfen, der in einem Papploch gehalten wird. Hiermit werden schon 5- bis 6fache Vergrößerungen erzielt. Wir kennen diese Art Mikroskop aus der Kinderzeit.

Es ist sehr wahrscheinlich, daß das heutige Mikroskop aus dem Tropfenmikroskop entwickelt wurde; denn die ersten optischen Hilfsmittel bestanden nur aus einem Glastropfen in einer Messingfassung. Ein Metalldorn diente als Objekttisch — als Objekte mußten meistens Käfer herhalten. Sie wurden auf den Dorn gespießt und erfreuten das Bürgerherz des 17. Jahrhunderts.

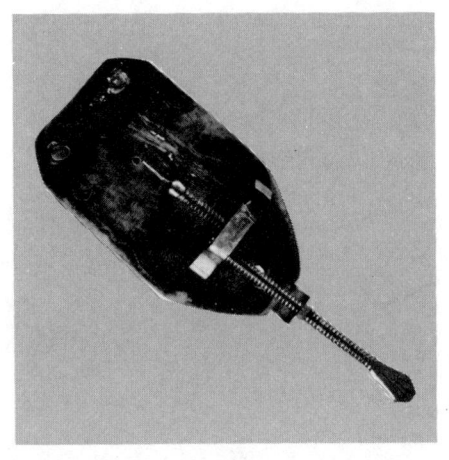

Abb. 1: Leeuwenhock-Mikroskop, 17. Jahrhundert

Die Lupen und optischen Systeme wurden im Laufe der Zeit erheblich verbessert, Elektronenmikroskope erzielen heute bis zu 25.000fache Vergrößerungen: alle Systeme aber hatten und haben letzten Endes das Ziel, den Betrachtungswinkel des Auges bei gleichzeitiger Beibehaltung der Sehschärfe zu vergrößern.

Wichtig für eine Vergrößerung ist das Auflösevermögen. Machen Sie bitte einmal folgenden Versuch: betrachten Sie die beiden Striche in *Abbildung 2:*

Abb. 2: Das Auflösungsvermögen nimmt mit der Entfernung ab. Beim normalen Leseabstand können Sie leicht 2 Striche erkennen. Bei einem größeren Abstand aber verschwimmen die beiden Striche: sie sind nicht mehr getrennt wahrnehmbar, sie sind nicht mehr aufzulösen

Mit Rot sieht alles anders aus

Mit rotem Licht, oder durch eine rote Folie betrachtet, ist das Auflösevermögen des Auges geringer als bei blauem Licht: die Striche verschwimmen bei rotem Licht schon bei geringerem Abstand. Bei blauem ist die Entfernung, in der der Abstand noch erkennbar bleibt, größer. Die Farbe Rot besitzt eine viel größere Wellenlänge als die Farbe Blau — damit ist das unterschiedliche Auflösevermögen zu erklären.

Der Vorgang des Sehens läuft folgendermaßen ab: Licht trifft auf das Objekt und kommt verändert zu unserem Auge zurück. Ist das Objekt sehr klein — viel kleiner als die Wellenlänge des auftreffenden Lichtes —, entsteht kaum eine Veränderung der Lichtwelle. Wir können also nicht genau sagen, wie das Objekt aussieht. Ist die Wellenlänge mit der Größe des Objektes vergleichbar, so ist die Wellenveränderung stark genug, um das Objekt genauer zu erkennen.

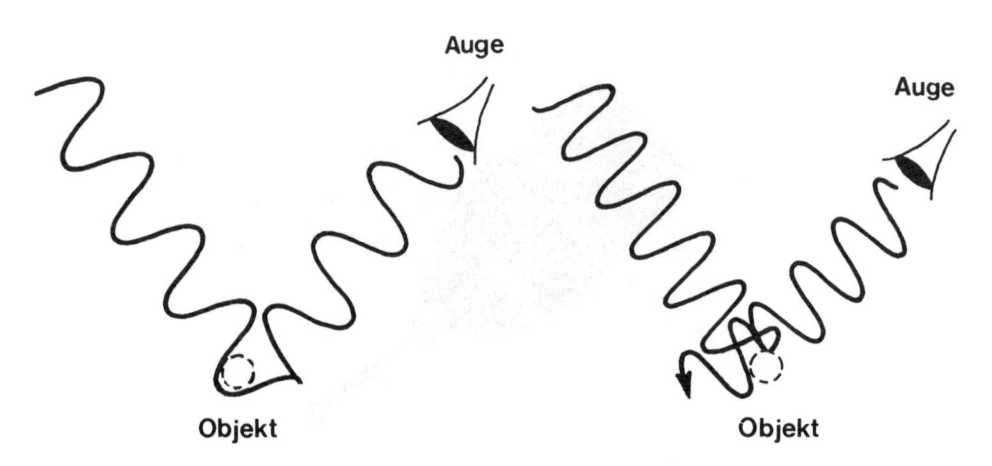

Abb. 3: Höhere Auflösung bei kürzeren Wellenlängen

Die Wellenlänge Blau ist also kürzer als die Wellenlänge Rot, und deshalb können wir Objekte, mit blauem Licht betrachtet, besser auflösen.

Dazu ein Beispiel: Wollen wir ein Raster abbilden, so ist die Abbildung des Rasters mit feinen Körnern besser als die mit dicken Körnern. Die *Auflösung* ist besser, Details erscheinen damit deutlicher.

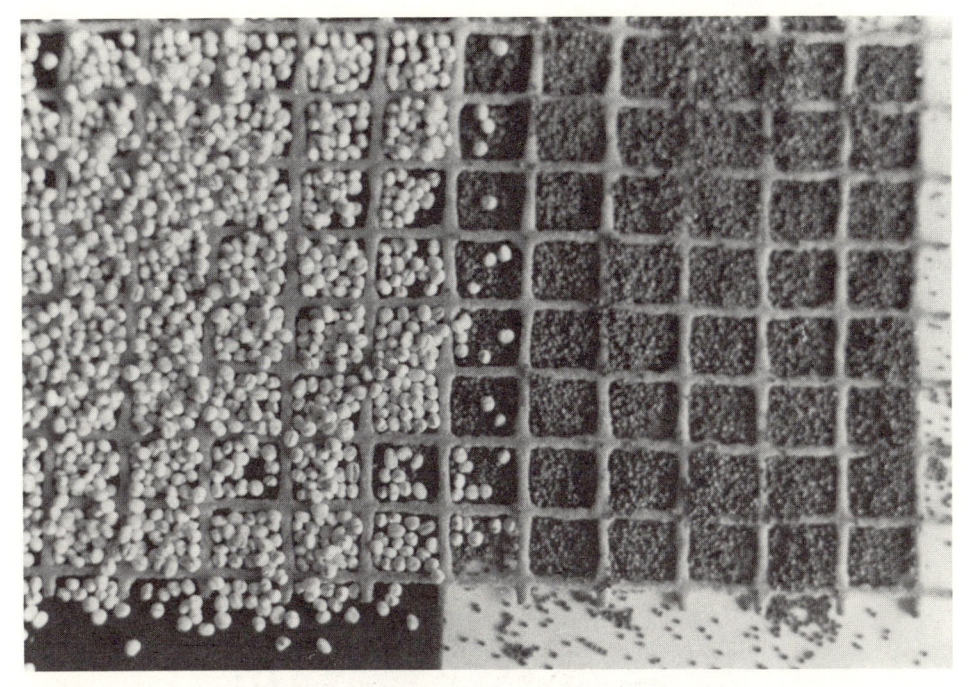

Abb. 4 a zeigt eine Abbildung des Rasters mit Hilfe von Erbsen. Der große Durchmesser der Erbsen, die in unserem Modell dem langwelligen Licht entsprechen, erlaubt keine gute Abbildung.

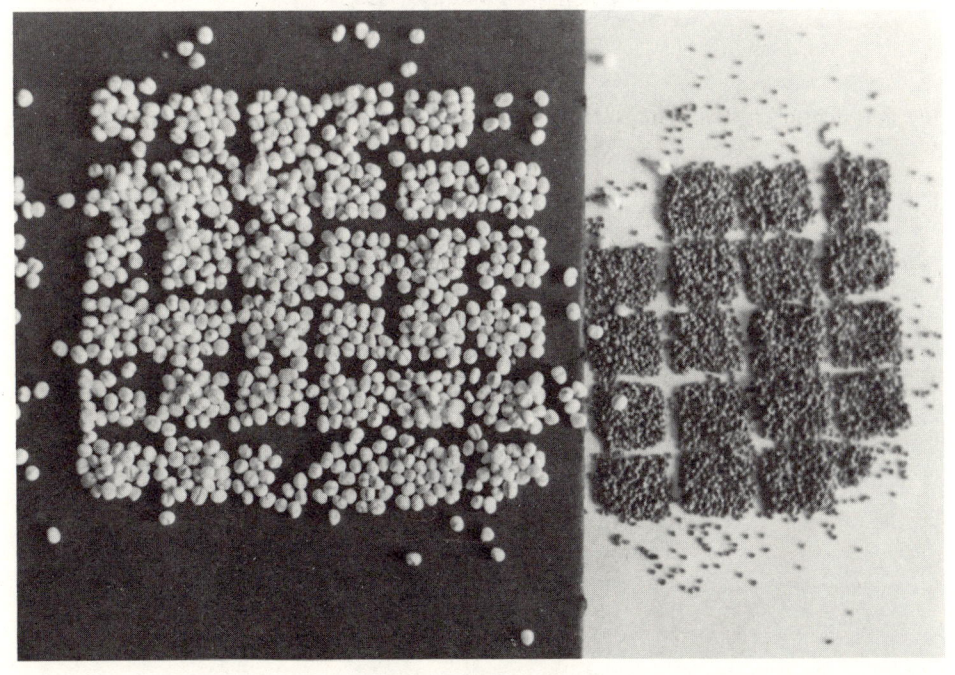

In *Abb. 4 b* wird derselbe Versuch mit feinen Mohnkörnern vorgenommen. Nachdem das Gitter entfernt ist, sieht man bei einem Vergleich eine weitaus bessere Abbildung

Auch Scharfschützen kennen die Abhängigkeit des Auflösevermögens von der Wellenlänge — von der Farbe. Zum Meisterschuß muß der Schützenkönig unter erschwerten Bedingungen antreten: er hat auf eine rote Zielscheibe zu schießen.

Elektronenmikroskope: Grenze des Sehens

Ein Objekt ist also desto besser zu erkennen, je kürzer die Wellenlänge des bei der Betrachtung benutzten Lichtes ist: ein wichtiger Faktor für die Mikroskopie.

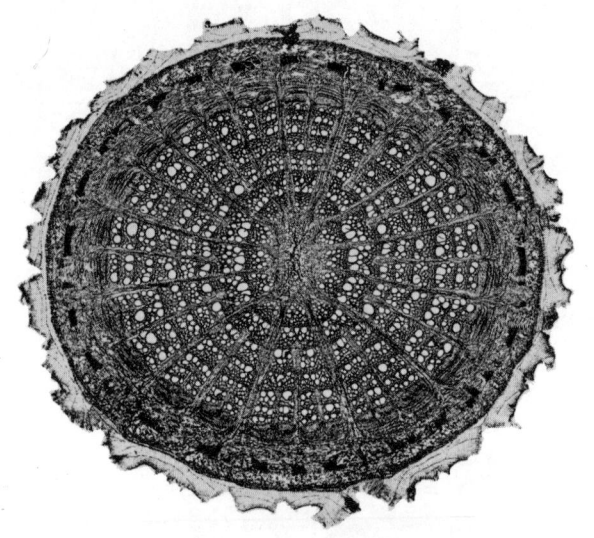

Abb. 5 a: lichtmikroskopische Aufnahme eines Zweigquerschnitts

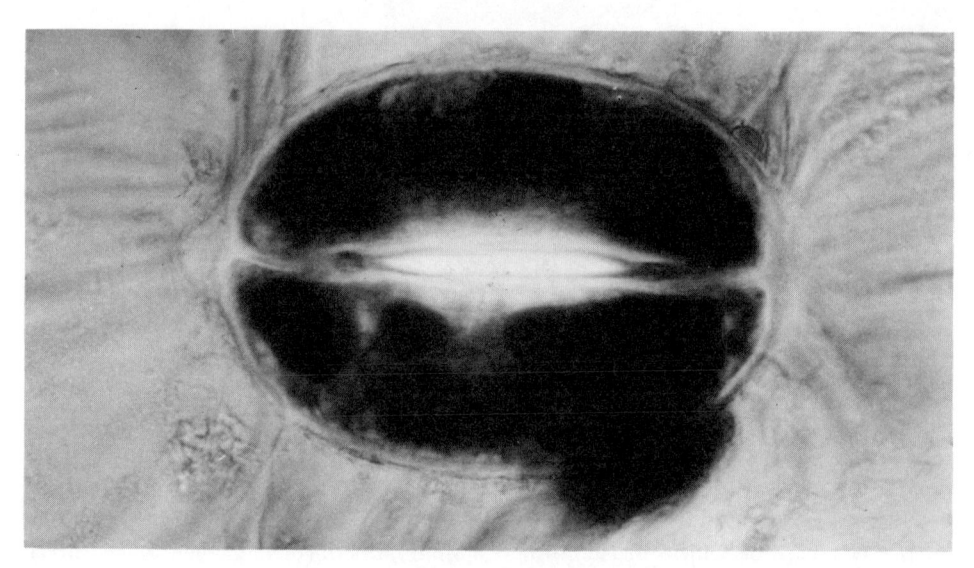

Abb. 5 b: lichtmikroskopische Aufnahmen der lebenden Schließzelle einer Puffbohne

Mit einem *Lichtmikroskop* kann man aufregende Sachen sehen *(Abb. 5 a u. b)*, Atome aber werden damit nicht sichtbar. Das Lichtmikroskop erreicht ein Auflösevermögen von etwa 4000 Ångström; das sind im Vergleich mit der Größe eines Atoms dicke Brocken. Im sichtbaren Bereich des elektromagnetischen Wellenspektrums kommt man sehr schnell an die Grenze der Möglichkeiten — da helfen auch Vergrößerungen nichts mehr.

Das Wellenspektrum hat jedoch noch andere Wellenlängen: sie sind für unser Auge unsichtbar. Doch können wir sie mit Hilfe einer Technik in sichtbare Wellen verwandeln.

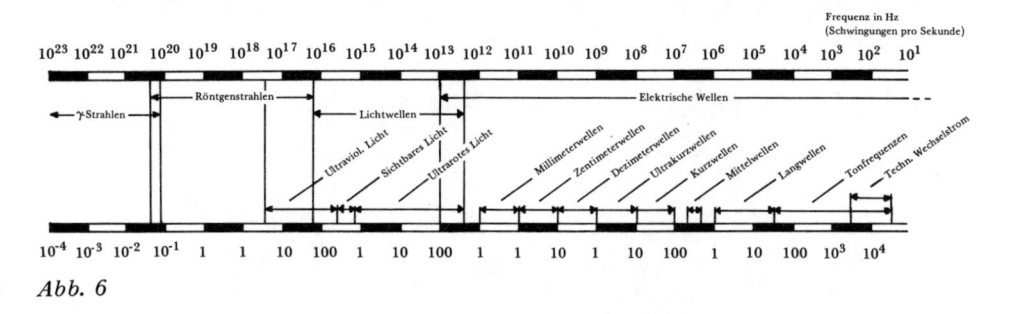

Abb. 6

In *Abbildung 6* sehen wir, daß der Bereich der ultravioletten Wellen an den Bereich der sichtbaren Wellen angrenzt. Wir müssen in dieser Richtung suchen, wollen wir kurze Wellenlängen finden, die uns ein höheres Auflösevermögen als das Licht erlauben.

An den Bereich der ultravioletten Wellen schließt der Bereich der ebenfalls kurzwelligen *Röntgenstrahlen* an.
Röntgenstrahlen ermöglichen ein noch besseres Auflösungsvermögen als die UV-Strahlen. Doch gibt es für sie wegen ihrer Durchdringungsfähigkeit bisher keine Linsen, mit denen man den Strahlengang eines Mikroskops herstellen könnte. Versuche, den Strahlengang über *Beugungsgitter* herzustellen, waren bis heute nicht sehr erfolgreich.
Tatsächlich gibt es für den sehr kurzen Wellenlängenbereich, jenseits der Röntgenstrahlen, *(Abb. 6)* noch Mikroskope: die *Elektronenmikroskope*. Sie haben ein Auflösungsvermögen von 3 Ångström; etwa 1000mal besser als ein Lichtmikroskop.
Elektronen haben eine äußerst kleine Wellenlänge. Wie wir wissen, ordnet man dem Licht zum einen die Eigenschaften eines Teilchens, zum anderen die einer Welle zu. Ebenso hat das Elektron Teilcheneigenschaften und eine sehr kleine Wellenlänge — für unseren Zweck vorteilhaft; außerdem ist das Elektron mit Linsen beeinflußbar. Linsen sind hier nicht im herkömmlichen Sinn gemeint, sondern es handelt sich um *elektromagnetische Spulen*. Durch diese Spulen fließt ein Strom, der ein Magnetfeld aufbaut und so den Weg des Elektrons steuert.
Mit diesen Spulen kann ein Linsensystem aufgebaut werden, dessen Strahlengang dem eines Lichtmikroskops entspricht, und mit den kurzen Wellen-

längen der Elektronen erreichen wir ein sehr großes Auflösungsvermögen: von 3 Ångström. Mit dem Elektronenmikroskop können wir bereits Riesenmoleküle und Viren beobachten.

Abb. 7: Elektronenmikroskopische Aufnahmen von Lithium-Jodat-Kristallen

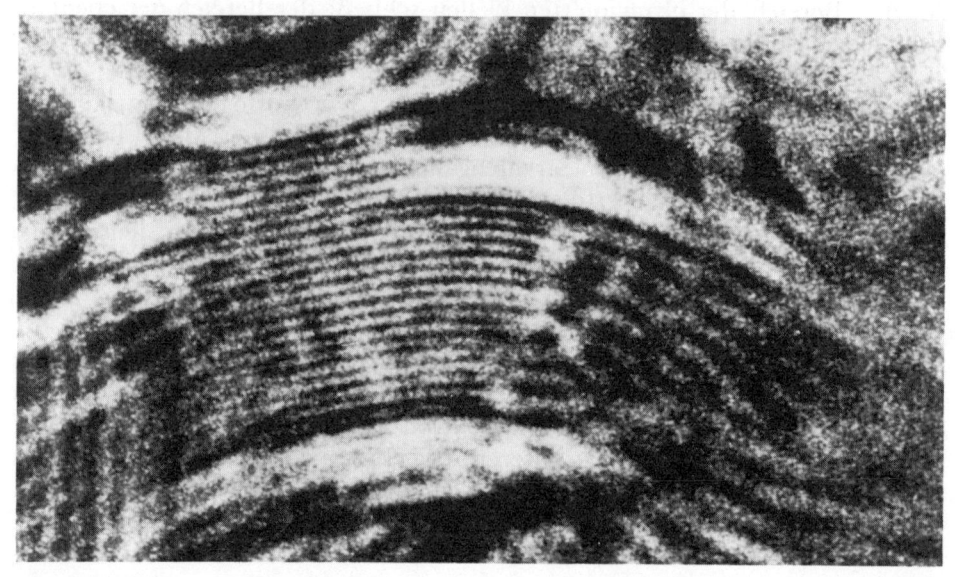

Abb. 8: Netzebenen in Graphit. Der Abstand der Streifen beträgt 1,7 Ångström. Das Auflösungsvermögen eines Mikroskops ist hier fast erreicht. Atome sind damit nicht sichtbar — nur die Lage der Kohlenstoffketten: die Netzebenen.

Mit dem Elektronenmikroskop scheint die Grenze des Sehens erreicht zu sein — wenigstens von der Wellenlänge her betrachtet. Doch kann man das Linsensystem noch weiter verbessern: bis zu einem Auflösevermögen von unter 1 Ångström. Dazu werden *supraleitende Linsen* benutzt. Hierbei muß jedoch ein wichtiger Linsenfehler berücksichtigt werden:
Die Lichtstrahlen werden von einer Linse nicht gleichmäßig stark gebrochen. Der Brennpunkt ist „auseinandergezogen", die Abbildung ist nicht scharf. Bei optischen Systemen kann dieser Linsenfehler durch eine *Konkavlinse* korrigiert werden; bei einem Elektronenmikroskop geht das nicht; es gibt keine Linse, die das leistet.
Aber: Je kürzer die Brennweite gemacht werden kann, desto kleiner wird der Linsenfehler.

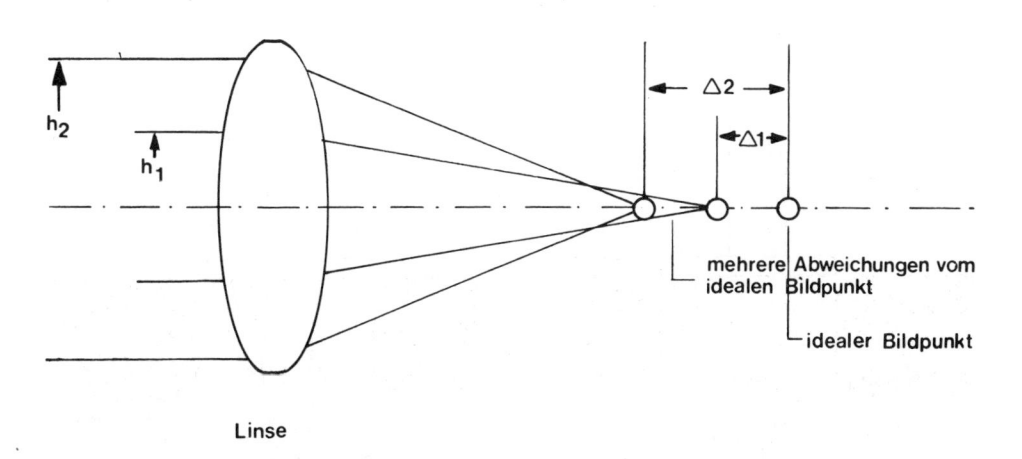

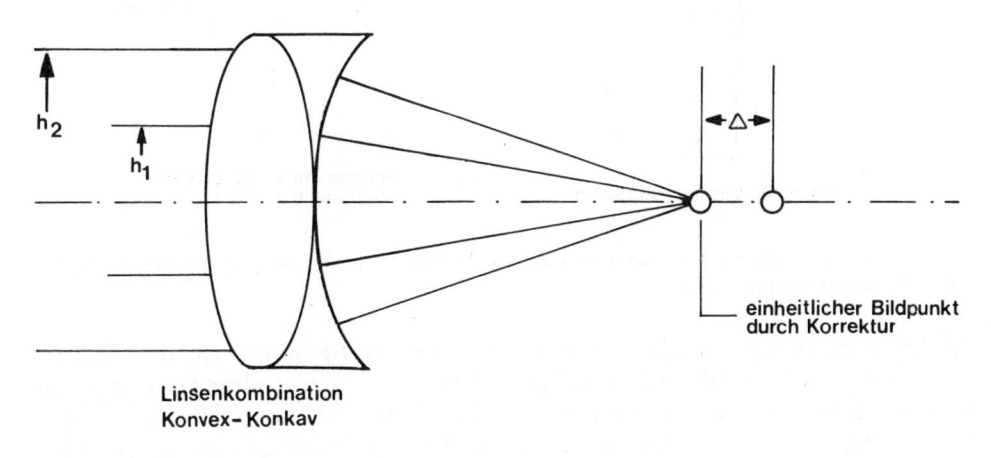

Abb. 9: Öffnungsfehler von Linsen und ihre Kompensation

Durch Supraleitung zu kurzen Brennweiten

Mit einer Linse kurzer Brennweite kann das Auflösevermögen verbessert werden. Für eine elektromagnetische Linse heißt das: stärkere Magnetfelder, die den Elektronenstrahl bündeln. Dies ist durch *supraleitende Spulen* möglich. Supraleitung ist hier nichts anderes, als die Eigenschaft einiger Metalle, ab einer bestimmten Temperatur — nahe dem absoluten Nullpunkt von − 273° C — dem elektrischen Strom keinen Widerstand entgegenzusetzen. Der Strom fließt dann verlustfrei über Tage und Monate ohne Neueinspeisung. Hohe Stromstärken sind möglich und damit starke Magnetfelder, mit denen der Elektronenstrahl viel besser zu bündeln ist. Die Elektronen müssen eine bestimmte Geschwindigkeit besitzen, wollen sie das Objekt durchdringen. Starke Magnetfelder können den Weg dieser Elektronen besser beeinflussen als schwache.

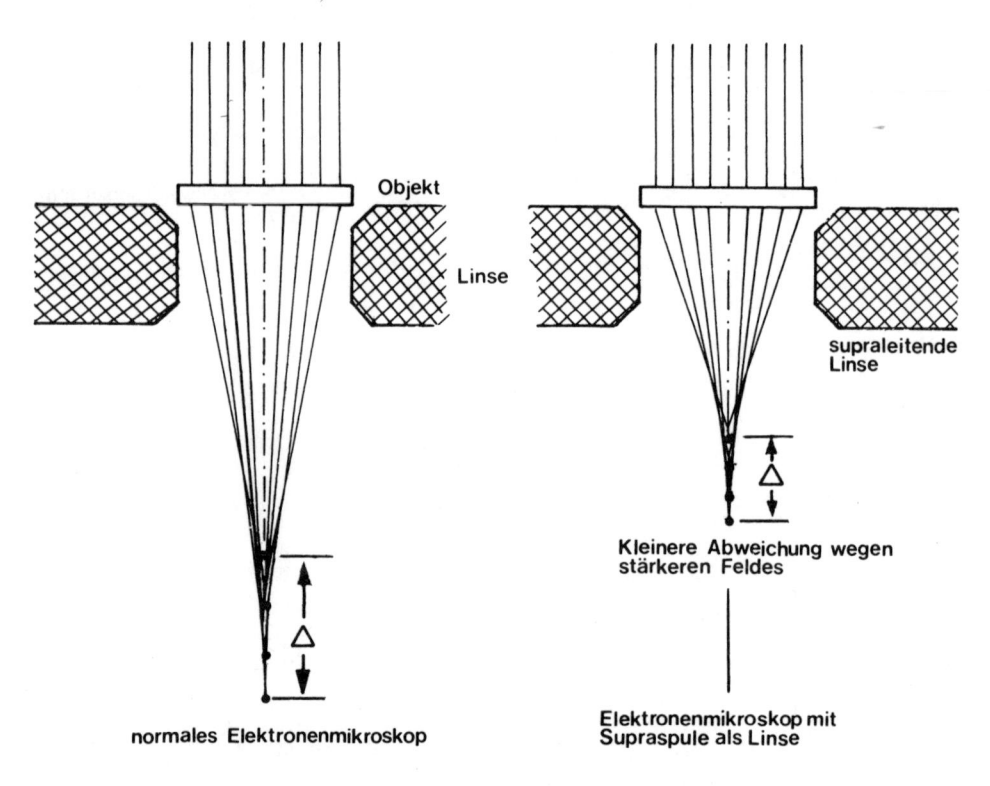

Abb. 10: Verminderung des Linsenfehlers von Elektronenmikroskopen durch eine supraleitende, elektromagnetische Linse.

Außer dem besseren Auflösungsvermögen durch die supraleitenden Linsen besteht ein weiterer Vorteil: den Elektronen kann eine größere Geschwindigkeit gegeben werden. Das ermöglicht eine Durchstrahlung sehr dicker Proben. Herkömmliche elektromagnetische Linsen benötigen aufgrund ihrer schwachen Magnetfelder zur Elektronenbündelung eine sehr lange Strecke.

Die Elektronenmikroskope müssen deshalb sehr hoch sein. Ein Elektronenmikroskop mit 3 Millionen Elektronenvolt hat eine Höhe von 10 m, während die supraleitenden Linsen nur eine Höhe von 2 m erfordern würden.

Bei einer Höhe von 10 m ist das Elektronenmikroskop Schwankungen unterworfen, was eine Verschlechterung der Abbildungsgenauigkeit zur Folge hat. Will man diesen Nachteil auffangen, erhöht sich der Preis eines Elektronenmikroskops.

Zwar sind supraleitende Linsen auch sehr aufwendig — denkt man an die Kühleinrichtungen für die Spulen. Doch stehen diesem Aufwand die Vorteile der kurzen Brennweite, der mechanischen Stabilität und der Güte der Linse gegenüber.

Die herkömmlichen Linsen zeigen außerdem gegenüber dem elektrischen Strom einen Widerstand, der von der Temperatur abhängig ist. Weil sich die Spulen erwärmen, entstehen Stromschwankungen und dadurch wiederum Magnetfeldschwankungen, die die *Fokussierung* — Bündelung — beeinträchtigen. Bei supraleitenden Linsen tritt dieses Problem nicht auf. Bis jetzt kann man mit supraleitenden Linsen vorerst nur Bilder erreichen, die heute auch die herkömmlichen Elektronenmikroskope liefern. Es wird also noch einige Zeit vergehen, bis die Vorteile des supraleitenden Elektronenmikroskops in die Praxis umgesetzt worden sind.

Wir haben gesagt: mit dem Elektronenmikroskop erzielen wir ein Auflösevermögen von 3 Ångström. Mit den supraleitenden Linsen erwartet man ein Auflösevermögen von etwa 1 Å.

Das ist jedoch nicht genug, um Atome im Detail sehen zu können. Wie kommt man aber zu der Atommodellvorstellung? Man benutzt indirekte Methoden: über Beugungsexperimente, Neutronenstreuung, Berechnungen, die die Aufstellung eines Modells erlauben, das dann mit Experimenten geprüft wird.

Atome werden sichtbar

Hier soll nun eine Methode vorgestellt werden, die es doch erlaubt, im speziellen Fall Atome zu sehen: und zwar mit dem *Feldelektronenmikroskop:*

Auf einer Nadelspitze befindet sich Platin. Im Vakuum liegt eine Spannung an, die Elektronen aus der Nadelspitze zieht. Diese Elektronen treffen auf einen Leuchtschirm. Wo viele Elektronen vorhanden sind, ergeben sich helle Flecken. Bei wenigen Elektronen bleibt der Leuchtschirm dunkel. Das Atom hat eine bestimmte Elektronenverteilung, so daß diese auf dem Leuchtschirm sichtbar wird. Die Atomabbildungen gelingen, weil die größte elektrische Feldstärke auf der Nadelspitze zur Wirkung kommt.

Die Mikroskopie wurde in diesem Kapitel in der Hauptsache vom Aspekt des Auflösevermögens her betrachtet. Oft ist das Auflösevermögen jedoch nicht entscheidend. Es kommt darauf an, die Methoden der Mikroskopie der Problemstellung anzupassen. Dabei ist manchmal ein Lichtmikroskop effektiver als das beste Elektronenmikroskop.

Das Rasterelektronenmikroskop

Hier wird im Unterschied zum Durchstrahlungsmikroskop nur ein dünner Elektronenstrahl benutzt, der das zu betrachtende Objekt wie bei einer Fernsehaufnahme abtastet. Trifft dieser Strahl auf Materie, so werden dort Sekundärelektronen herausgelöst, die dann abgesaugt werden und als Informationsträger über eine Elektronik auf einen Bildschirm gelangen. Dieses Elektronenmikroskop hat eine enorme Tiefenschärfe, weil nicht ein ganzes Strahlenbündel fokussiert werden muß. Die Information entsteht erst dann, wenn der Strahl auf eine Substanz trifft. Dabei ist es egal, in welcher Höhe sich diese Substanz befindet. Das Auflösevermögen des Elektronenrastermikroskops liegt bei 50 Å, da es schwierig ist, einen extrem dünnen Elektronenstrahl zu erzeugen.

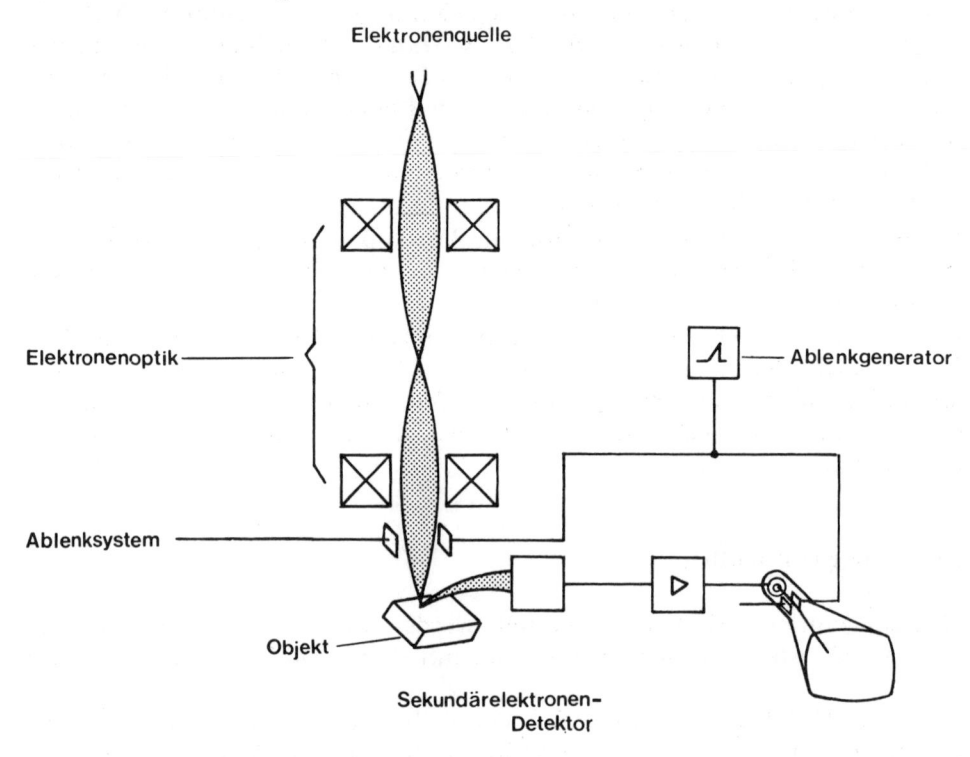

Abb. 11: Prinzip des Rasterelektronenmikroskops

6. BILDTELEFON: NACHRICHTEN-ÜBERTRAGUNG MIT GLASFASERN

Eine Million Bildtelefone in den USA hatten gegen Ende der sechziger Jahre die Planer vorausgesagt. Für die Bundesrepublik erwartete man mit einer gewissen Verzögerung Ähnliches.
Der damalige Bundespostminister Dollinger ließ ein Buch mit dem Titel *Post 2000* herausgeben. Dort hieß es im Kapitel *Vom Telefon zur universellen Kommunikations-Einheit:* „Das Fernsprechgerät der siebziger Jahre: die Zehn-Ziffern-Wählscheibe ist durch zwölf Tasten ersetzt worden, so daß der Teilnehmer neben den Ziffern Eins bis Null auch zwei Service-Zeichen wählen kann. Mit Hilfe dieser Zeichen wird man die zusätzlichen Dienstleistungen anfordern, die in Zukunft von neuen elektronischen Wählanlagen geboten werden". Und weiter: „Das Fernseh-Telefon der achtziger Jahre: Als betriebsinternes Kommunikationsmittel ist das Fernseh-Telefon bereits eingeführt. Ehe es an das öffentliche Fernsprechnetz angeschlossen werden kann, muß die Post ein neues Kabelnetz verlegen und neue Übertragungs- und Vermittlungseinrichtungen installieren".
Heute ist Nüchternheit an die Stelle dieser Kommunikationseuphorie getreten. Täglich erlebt der Telefonbenutzer Schwierigkeiten, die damals – vor erst etwa fünf Jahren – kaum absehbar waren. Die Post hat Mühe, ihr Fernleitungsnetz den Anforderungen entsprechend schnell wachsen zu lassen. Wer wollte da noch an das leitungskapazitätsfressende Bildtelefon denken. Denn würde es so verwirklicht, wie es sich die Autoren im Bundespostministerium damals vorstellten, so erforderte es je Anschluß das 250fache Leitungsvolumen einer üblichen Fernsprechverbindung.
Das allein wäre undenkbar. Es kommt hinzu, daß der Typus Bildtelefon, den man als Idee von den USA her importierte, auch dort inzwischen überholt ist. Bildtelefongespräche führen kann man in den drei Städten Chicago, Pittsburgh und Washington. Hier bietet „Ma Bell", wie die Amerikaner ihren riesigen Telefonkonzern nennen, ihre guten Dienste an.
Für eine Grundgebühr von monatlich 170 Dollar – die Zeit wird wie bei uns gesondert berechnet – konnten sich in Washington jedoch keine, für 10 Dollar weniger in Pittsburgh aber immerhin drei Kunden zur Teilnahme entschließen.
Die meisten Bildtelefone der Welt dürften in Chicago stehen, dort fanden sich 109 Begeisterte mit gleich 473 Apparaten. 117 von ihnen stehen in Privatwohnungen, der Rest in Firmen, Behörden oder Krankenhäusern. In der Riesenstadt an den Großen Seen allerdings hat Ma Bell ein wenig Entwicklungshilfe betrieben, denn gegenüber Washington senkte sie die Grundgebühr auf die Hälfte von 86,5 Dollar.
Trotz dieses, wenn auch bescheidenen Erfolges war man bei Bell unzufrieden: man hatte sich wesentlich mehr versprochen. Ursache der spärlichen Nutzung dieser so attraktiven Kommunikationsmöglichkeit ist ein falsches Konzept: ihre Entwickler glaubten, es genüge, ein System für das Gespräch

„von Angesicht zu Angesicht" zu entwerfen. Hatten sie die Klatschsucht überschätzt?

Den meisten Kunden, es kann angenommen werden, daß es sich zunächst weitgehend um kommerzielle Benutzer handelt, genügte die Leistung des „Picturephone" nicht. Für eine brauchbare Portraitdarstellung reichten die 267 Zeilen auf dem Bildschirm, übertragen auf einem Kanal von 1 Million Hertz Bandbreite, zwar aus. Aber schon am Schreibmaschinentext scheiterte das Gerät. Nur das Miniformat A 7, das entspricht einer halben Postkartengröße, ließ sich lesbar wiedergeben. Als störend empfanden die Kunden außerdem die grobe Zeilenstruktur. Da sie aber erst bei einem Betrachtungsabstand von etwa der zehnfachen Bilddiagonale verschwindet, heißt das, sich mehr als einen Meter entfernt vom Bildschirm aufhalten zu müssen. Dies ist wiederum der Erkennungsqualität nicht gerade zuträglich.

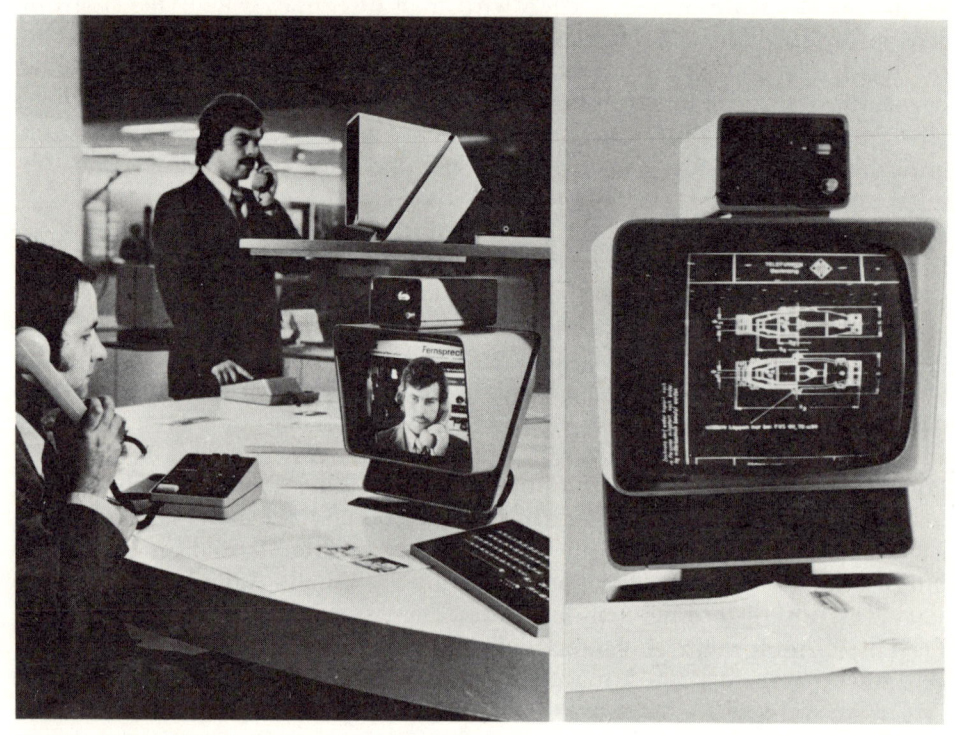

Abb. 1: Bildtelefonsystem entsprechend der europäischen Fernsehnorm, wie es bereits für die innerbetriebliche Kommunikation eingesetzt werden könnte. Außer der Bildübertragung zwischen den Teilnehmern (links) ist der Zugriff zu Mikrofilmspeichern, Videorecordern und Computern möglich (rechts)

Eine halbe DIN-A 4-Seite lesbar übermitteln, kann man erst mit unserer üblichen Fernsehnorm: hier verschmilzt die Zeilenstruktur schon bei 625 Zeilen pro Bild bei einem Betrachtungsabstand von etwa dem fünffachen der Bilddiagonale. Das ist sehr angenehm, kostet aber enorm viel Leitung, denn es ist eine Signalbandbreite von 5 Millionen Hertz erforderlich. Der notwendige Leitungsbedarf wäre geradezu katastrophal, da eine Bildtelefon-Verbindung üblichen Stils heute bereits 250 Fernsprechkanäle mit einer Bandbreite von 4.000 Hertz benötigt, die übliche Fernsehnorm indes 1.250. Damit wäre an eine Einführung des Bildfernsprechens wegen der hohen Kosten gar nicht zu denken.

Kanal, Bandbreite, Frequenz: Was ist das?

Damit die Zusammenhänge deutlicher werden, hier eine Erklärung der Begriffe Kanal, Bandbreite und Frequenz:
Ein Kanal ist grundsätzlich der Übertragungsweg, über den uns eine Information erreicht. Es gibt noch feinere Unterscheidungen, die hier aber nicht interessieren. Ein solcher Kanal oder Übertragungsweg verfügt über einen bestimmten Frequenzumfang: über die Bandbreite. Das heißt, der Kanal läßt sich eine bestimmte Zahl von Schwingungen in der Sekunde ohne Störungen durch (Abb. 2).

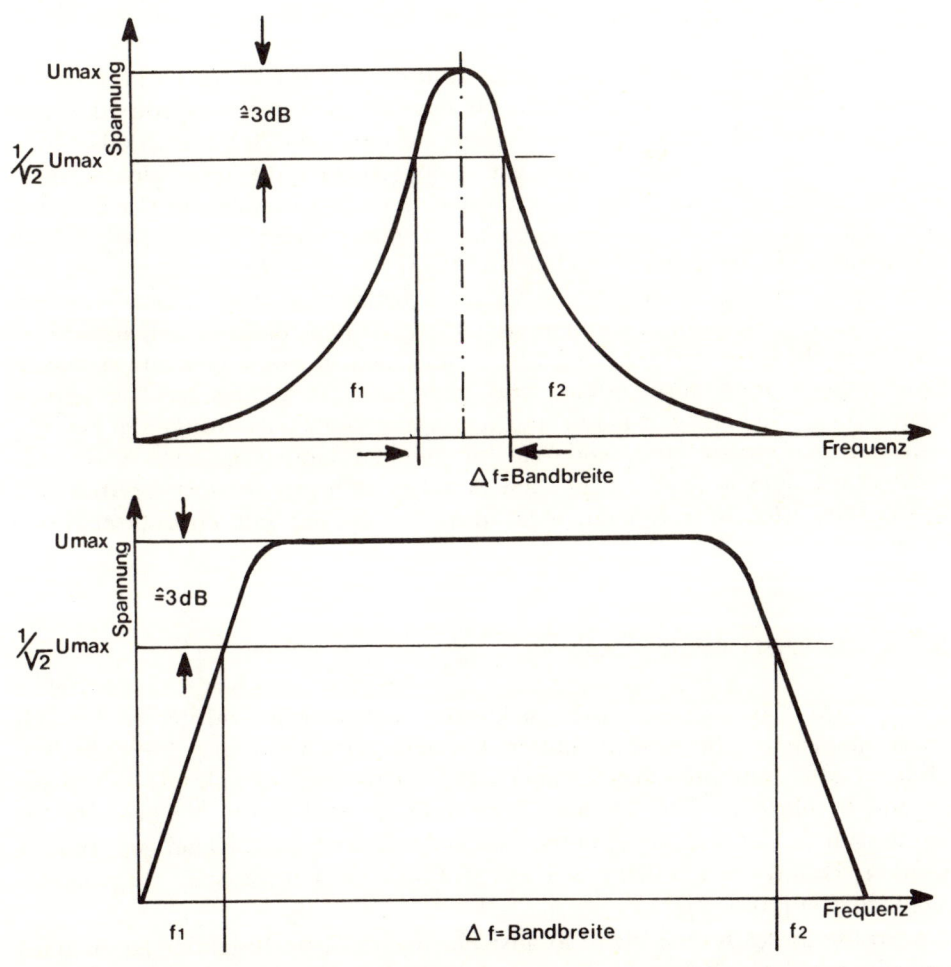

Abb. 2: Bandbreite bei einem schmalbandigen Übertragungsglied (oben) und einem breitbandigen (unten). Δf bezeichnet die jeweilige Bandbreite, die für bestimmte Punkte des Spannungspegels definiert ist

Grundsätzlich besteht die Möglichkeit, die gesamte Bandbreite mit einer Schwingung auszunutzen oder aber viele nebeneinander zu legen, deren Summe dann den Frequenzumfang ausmacht. Somit erklärt sich, warum die Fernsehnorm von 5 Millionen Hertz 1.250 üblichen Telefonkanälen entspricht: teilt man nämlich 5 Millionen durch 4.000, dann kommt man auf diesen Wert.

Das Bestreben der Nachrichtentechniker geht nun dahin, die Bandbreite eines technischen Übertragungsweges, zum Beispiel eines Kabels, so groß wie möglich zu machen, den Bandbedarf, das ist der erforderliche Frequenzumfang für einen einzelnen Kanal, dagegen klein zu halten. Sinn dieses Strebens soll sein, auf einem Kabel möglichst viele Kanäle zu haben, die ohne Beeinflussung nebeneinander liegen. Nur dieser Weg führt die Postverwaltungen aus dem Zwang heraus, bei ständig steigendem Nachrichtenverkehr immer mehr Kabel in der augenblicklich gültigen Technik nebeneinander zu legen. Für sie ist unter den Straßen unserer Städte absolut kein Platz mehr. Deshalb entwickeln Wissenschaftler in Labors aller Industrieländer immer leistungsfähigere Übertragungswege.

Welches ist die Nachrichtenverbindung der Zukunft?

Zukunft wollen wir hier mit einem Zeitraum von etwa 10 bis 15 Jahren definieren. So lange dauert es nämlich, bis neue Einrichtungen erprobt sind und gebaut werden können. Mit Sicherheit scheidet die freie Luft als Übertragungsstrecke aus. Gemeint sind Richtfunkstrecken, die heute einen großen Teil der Last des Fernsprechverkehrs und vor allen Dingen die der Übertragung der Fernsehbilder zu den einzelnen Sendern übernehmen *(Abb. 3)*. Wir alle kennen die Endpunkte solcher Richtfunkstrecken von Postgebäuden und Fernmeldetürmen, auf denen entweder schirmartige oder alten Grammophontrichtern ähnliche Antennen stehen. Es ist klar, daß sich solche Verbindungen nicht beliebig kreuzen können oder sich in jedem Gelände aufbauen lassen. Sie leiden unter dem, was man als „elektronische Umweltverschmutzung" bezeichnen kann, und tragen ihrerseits wiederum dazu bei. Die von den Antennen ausgesendeten Funkwellen landen nämlich nicht alle wieder auf dem gegenüberliegenden Antennenschirm, sondern breiten sich weiter aus und beeinflussen sogar die Verbindung mit erdumkreisenden Nachrichtensatelliten.

Rohre und Gläser werden „Kabel"

Damit wird klar, daß Nachrichten künftig nur noch in von der Außenwelt abgeschlossenen „Behältern" laufen können. Dies Wort mag hier komisch klingen, aber mit dem Wort Kabel ist die Übertragungszukunft nur ungenügend beschrieben. Der nächste Schritt beim Ausbau der Nachrichtenverbindungen in der Bundesrepublik wird jedoch noch dem Kabel gehören: es werden Drähte mit etlichem Kunststoff drum herum sein: sogenannte *Koaxialleiter (Abb. 4)*.

Ein Strang dieses Kabels sieht so aus: ein in der Mitte liegender Draht wird von einem relativ dicken Isoliermantel umhüllt, der seinerseits einen Leiter, meist aus flexiblem Drahtgeflecht, trägt. Darauf folgen eine mechanische Festigkeit gebende Ummantelung und die Außenisolierung. Im Grunde besteht ein Koaxialkabel aus zwei unterschiedlich großen, ineinandergeschobenen Zylindern. Der äußere Zylinder arbeitet gewissermaßen als „Schirm", er verhütet, daß Störungen von außen eindringen und andererseits, daß Leistung aus dem Kabel heraustritt. Diese Koaxialleiter können eine Bandbreite

Abb. 3: Antennen einer Richtfunkstrecke

Abb. 4: Ein modernes Koaxialkabel

von 60 Millionen Hertz (MHz) haben und entsprechend gleichzeitig je Strang 10.800 Ferngespräche übertragen. Das augenblickliche Maximum für Koaxial-Übertragungsstrecken liegt bei 2.700 Telefonverbindungen.

Koaxialkabel sind also sehr breitbandig, deshalb wird ihre Einführung auch häufig als der Beginn der „Breitbandkommunikation" bezeichnet. Darunter hat man eben das zu verstehen, um das es beim Bildtelefon und seinem Drumherum wie Konferenzschaltungen, Zugriff auf Datenbanken usw. geht. In der Bundesrepublik ist der Bau von 60-MHz-Koaxialkabelstrecken nahezu beschlossene Sache, doch scheiden sich die Geister an dem, was danach kommen soll.

Die Deutsche Bundespost hat beispielsweise in ihrem Fernmeldetechnischen Zentralamt in Darmstadt drei verschiedene, parallel verlegte Hohlkabelstrecken von jeweils drei Kilometern Länge in Betrieb. *Hohlkabel* sind entweder äußerst präzise Rohre mit etwa 70 mm Innendurchmesser oder gleichgroße Wicklungen von Kupferwendeln in einem bestimmten Abstand *(Abb. 5)*. In solchen „Behältern" bewegen sich die elektromagnetischen Wellen relativ verlustfrei fort, weil sie an den extrem glatten Innenflächen der Rohre ideal reflektiert werden. Gegenüber den Koaxialkabelverbindungen steigt ihre Bandbreite sprunghaft um mehr als das Tausendfache an. Für die Übertragung steht nämlich ein Frequenzumfang von 70 Milliarden Hertz zur Verfügung: das bedeutet Platz für etwa 200.000 Telefongespräche.

Abb. 5: Aufbau eines Hohlkabels mit innenliegenden Kupferwendeln

Der mit diesen Kabeln verbundene technische Aufwand bei der Verlegung ist erheblich, doch haben ihn die Ingenieure inzwischen im Griff. Da auch im internationalen Rahmen, meist die schwierigste Hürde für technische Neuerungen, alles abgeklärt ist, kann noch in diesem Jahrzehnt mit den ersten Strecken gerechnet werden. Die Deutsche Bundespost hat sich kürzlich entschlossen, zwischen Darmstadt und Heidelberg eine etwa 40 Kilometer lange

Versuchsstrecke aufzubauen, die dann später in den regulären Betrieb übergehen soll. In allen wichtigen Industrieländern laufen ähnliche Versuche. In Frankreich zum Beispiel will man schon in Kürze eine zehn Kilometer lange Versuchsstrecke in das normale Nachrichtennetz integrieren.

Licht in haarfeinen Glasfäden wird voraussichtlich ab 1985 allen bisherigen Entwicklungen den Rang als Nachrichtenübertragungsweg ablaufen. Damit wäre ein vorläufiges Ende in der Entwicklung von Trägern mit immer kürzeren Wellen erreicht.

Die elektromagnetischen Wellen in Hohlkabeln haben Wellenlängen zwischen drei Millimetern und 15 Millimetern; die Lichtwellenlängen hingegen messen Millionstel Millimeter (vgl. S. 57). Mit dieser kurzen Wellenlänge steigt natürlich wieder die verfügbare Bandbreite.

1960 wurde mit dem *Laser* — Lichtquelle und Lichtverstärker in einem — ein Instrument entdeckt, das *kohärentes* Licht erzeugen kann und sich deshalb hervorragend zur Nachrichtenübertragung eignet. Kohärenz bedeutet, daß das Licht nahezu aus einer Wellenlänge besteht. Diese einzelne Wellenlänge kann nun als Nachrichtenträger benutzt werden, indem ihr die Information auf verschiedene Arten mitgegeben wird.

Als die Wissenschaftler all diese Eigenschaften des Laserlichts erkundet hatten, begannen sie, wie in einem Rausch, Freiluftübertragungsstrecken zu untersuchen.

Sie erkannten jedoch rasch die durch unsere vielfach beeinflußte Atmosphäre

Abb. 6: Messung der Verluste an Glaswellenleitern, die heute mit Dämpfungen bis herunter zu 4 dB/km hergestellt werden.

auftauchenden Schwierigkeiten. Die kurzen Lichtwellen streuen sich an Staubpartikelchen, an Regen oder an Nebeltröpfchen. Offene Laserübertragungsstrecken taugen deshalb allenfalls für den Weltraum.

Es mußte also ein Medium gefunden werden, das Licht ebenso fortleiten konnte wie Kabel die elektromagnetischen Wellen: gesucht wurde der *Lichtwellenleiter*. Entsprechend den Hohlleiterkabeln begannen die Untersuchungen mit Stücken von hohlen Röhrchen, in denen eine Reihe von Linsen immer wieder den Laserstrahl bündelt, der sich wie der Strahl einer Taschenlampe auszuweiten versucht. So ein System war nahezu nicht biegbar und damit zum geplanten Verdrahten, beispielsweise in Häusern oder städtischen Ballungszentren, völlig ungeeignet. Die Lösung war eine haarfeine Glasfaser *(Abb. 6)*.

Das Licht versickert

Diese Glasfaser, etwa 0,1 Millimeter dick, hat einen mehrschichtigen Aufbau. Das Zentrum besteht aus einem für bestimmte Wellenlängen – meist 8.000 Ångström – höchst durchlässigen Glas mit einem relativ hohen Brechungsindex. Die äußere Glasfaserummantelung besitzt einen kleineren Brechungsindex. Man kann auch sagen: innen befindet sich das optisch dichtere und außen das optisch dünnere Medium.

Im optisch dichteren Glas bewegt sich das Licht unmerklich langsamer fort als im dünneren. Trifft nun ein Lichtstrahl, der die Kernfaser durchläuft, auf die Grenzfläche zwischen diesem Strang und dem äußeren Mantel, dann kommt es zur sogenannten Totalreflexion (Abb. 7). Das Licht kann gewissermaßen nicht in das optisch dünnere Medium eindringen, das deshalb wie ein Spiegel wirkt. Der Strahl ist infolgedessen über die gesamte Länge der Glasfaser zur wiederholten Reflexion unter schrägem Einfallswinkel gezwungen. Auf ihn wirkt sich nur die durch Verunreinigungen im Glas entstehende Dämpfung aus. Diese Dämpfung macht eine Übertragung des Lichts über unendlich weite Strecken unmöglich. Die Dämpfung des Lichts, also das Verhältnis zwischen angestrahltem Licht und dem, was am Ende herauskommt, gibt man in dem logarithmischen Maß Dezibel an.

Hat eine Glasfaser zum Beispiel eine Dämpfung von 20 Dezibel pro Kilometer, was allgemein als Grenze für die wirtschaftliche Einführung von Lichtwellenleitern angesehen wird, dann heißt das: nach einem Kilometer Faser tritt nur noch ein Hundertstel des Lichts aus, das man eingegeben hat (Abb. 7).

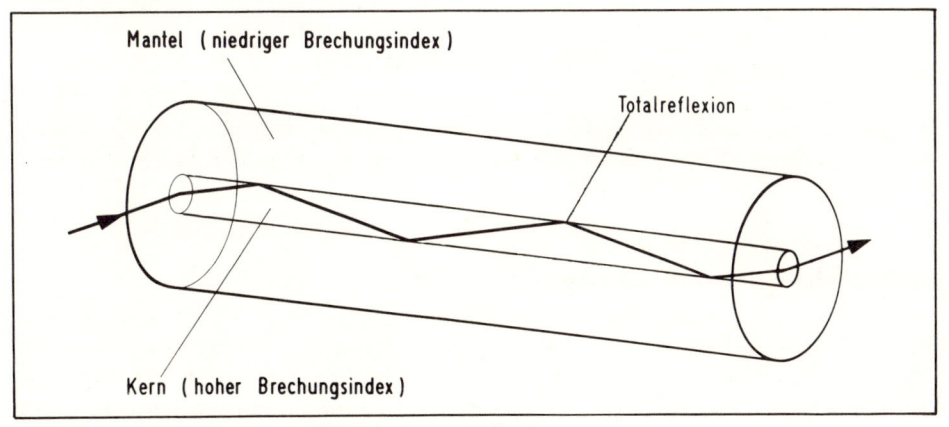

Abb. 7: Schematische Darstellung der Totalreflexion

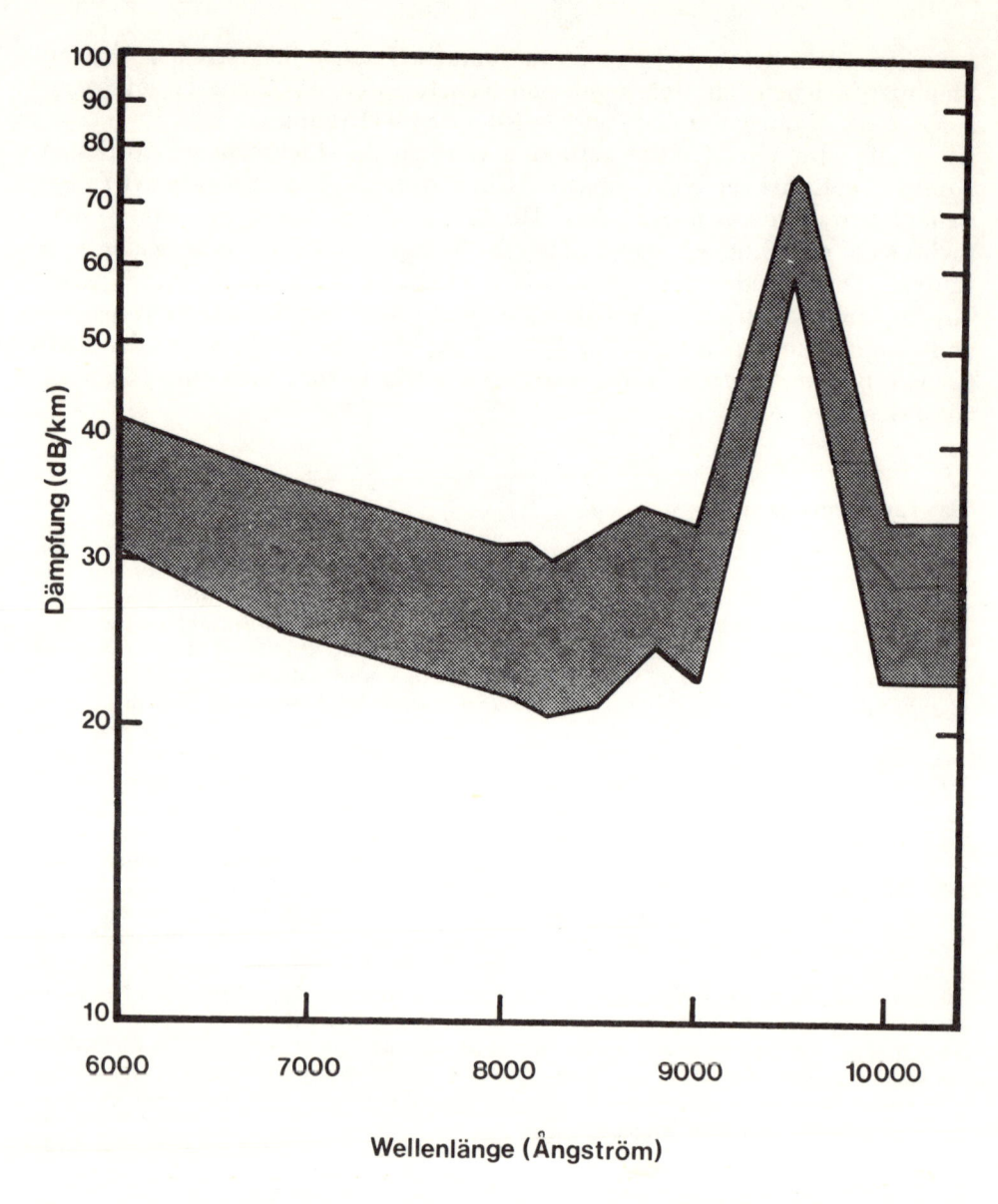

Abb. 8: Die Dämpfung von heute handelsüblichen Lichtfaserbündeln in Abhängigkeit von der Wellenlänge. Lichtwellenleiter mit geringerer Dämpfung werden labormäßig hergestellt

Ein Nachrichtensystem aus Glas

Diese Glasfaser, nur in weitaus geringerer Qualität, kennen wir alle von Leuchten, die eine gewisse Ähnlichkeit mit einem Rasierpinsel haben, aus denen dann jeweils am Ende der Faser ein einzelner Lichtstrahl austritt. Das gibt einen hübschen Effekt im Raum. Auch im Auto werden in letzter Zeit zunehmend Glasfasern eingesetzt, um zum Beispiel die Funktion von Scheinwerfern oder Bremsleuchten im Wageninneren anzuzeigen. Für die Nachrichtenübertragung läßt sich nun ein System denken, das aus Glasfasern als Übertragungsstrecke und einem Sender sowie Empfänger besteht *(Abb. 9)*. Der Sender ist ein der Winzigkeit der Glasfaser angepaßtes Bauelement aus dem Halbleitermaterial *Galliumarsenid* mit bestimmten eingebauten Fremdatomen; der Empfänger ist eine sehr schnelle Silizium-Fotodiode. Solche Dioden und Lichtfasern mit nur zwei Dezibel Dämpfung pro Kilometer gibt es inzwischen aus labormäßiger Fertigung. Wäre Meerwasser so transparent wie diese Wellenleiter, so könnte man ohne Hilfe direkt auf den fast elf Kilometer tiefen Grund des Marianen-Grabens im Pazifischen Ozean sehen.

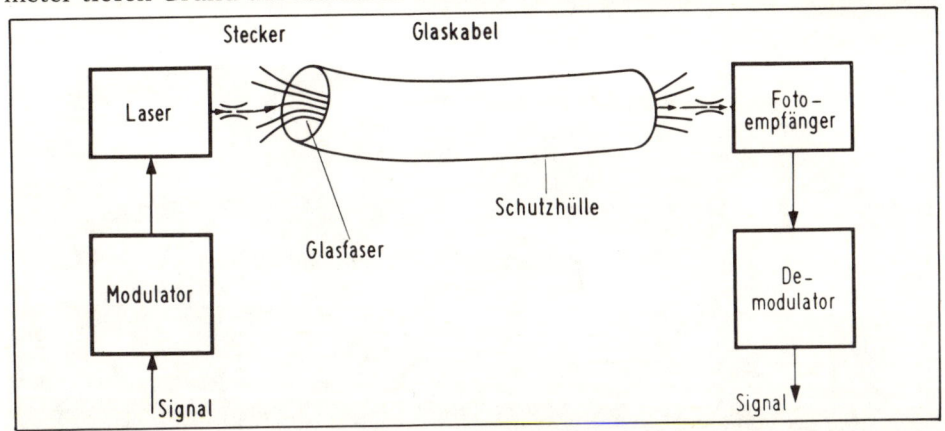

Abb. 9: Nachrichtenübertragungssystem aus Halbleiterfaser, Glaskabel und Fotodiodenempfänger

Bisher hapert es bei dem nahezu idealen Übertragungssystem am Minilaser. Er bringt die nötige Wellenlänge mit 60 bis 100 Milliwatt die für Verstärkerabstände von rund 25 Kilometern nötige Leistung, aber nicht die nötige Lebensdauer von einigen zehntausend Stunden — ein Jahr hat 8.760 Stunden. Meist stellte der Halbleiterkristall nach einigen hundert Stunden seinen Betrieb ein. Es besteht jedoch begründete Hoffnung, daß dieses Problem innerhalb der nächsten Jahre gelöst wird, nachdem in Japan 10.000 Betriebsstunden im pulsweisen Betrieb und etwa 2.500 in kontinuierlichem Betrieb erreicht worden sind.

Setzen wir die Möglichkeiten der Glasfaser einmal ins Verhältnis zum Bildtelefon. Nach dem augenblicklichen Stand könnte man über den Lichtwellenleiter 60 Bildferngespräche entsprechend der amerikanischen Norm mit 1 Million Hertz oder 15 mit dem gleichen Umfang wie ein normales Fernsehbild laufen lassen. Wie erwähnt: die Glasfaser ist etwa 0,1 Millimeter dick. Diese Übertragungskapazität ist, verglichen mit dem Hohlwellenleiter, gering, da er 800 bzw. 160 Bildtelefongespräche gleichzeitig überträgt.

Wenn man sich aber klarmacht, daß das Rohr des Hohlleiters im kompletten Aufbau etwa 12 Zentimeter dick ist, äußerst genau und mit großen Radien verlegt werden muß, dann begreift man schnell, daß es nur für Nachrichtenstrecken taugt, die ähnlich den Autobahnen große Regionen durchziehen. Für die Nachrichtenverteilung in Städten oder gar in Gebäuden kommt diese Technik überhaupt nicht in Frage. Etwa 15 der dünnen Glasfasern schaffen dieselbe Übertragungsleistung wie der Hohlleiter und hätten zusammengefaßt nicht einmal samt Isolierung die Dicke eines Bleistiftes. Biegeradien bis herunter zu drei Zentimetern wären erlaubt und dadurch die Verlegungsmögkeit in Gebäuden gegeben. Gelänge es also, die noch bestehenden Probleme zu lösen, zu denen noch Temperatur- und Biegungsprobleme hinzukommen, dann müßte man dem Lichtwellenleiter den Vorzug geben *(Abb. 10,11)*.

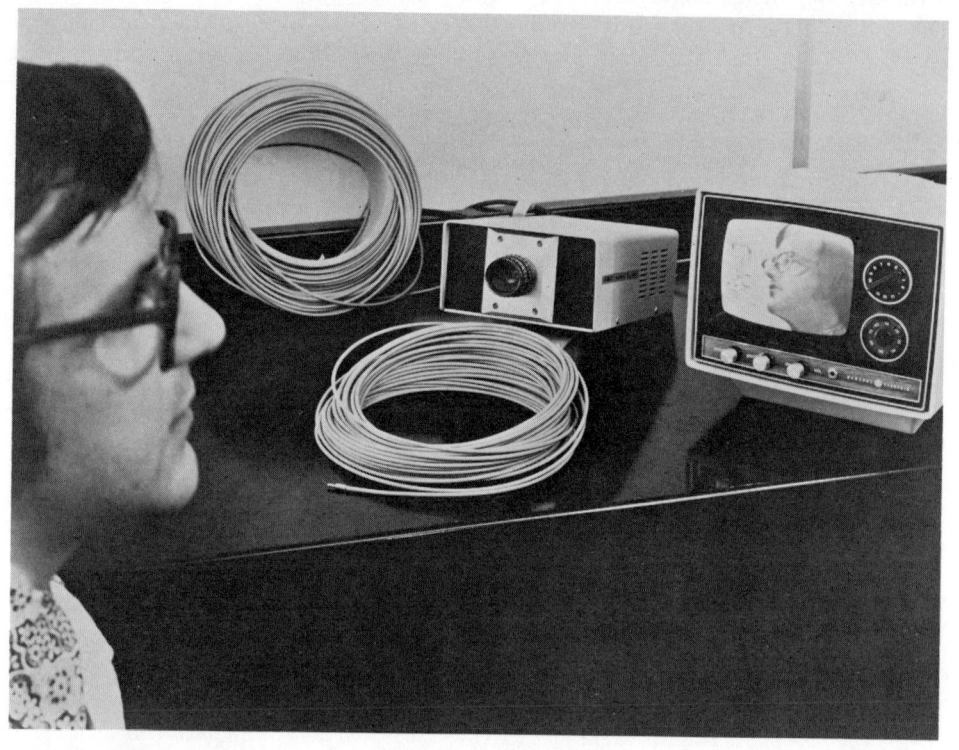

Abb. 10: Über kurze Strecken genügt die Kameraausgangsleistung für eine Fernsehbildübertragung

„Zerstückelung" der Nachricht spart Kabel

Bis jetzt haben wir so getan, als würde das Bildtelefonsignal in derselben Weise übertragen wie beim Fernsehen. Dort nimmt nämlich die Antenne komplette Wellenzüge einer bestimmten Frequenz auf, die entsprechend dem Bildinhalt moduliert sind — also in ihrer Form verändert wird.
In Hohlleiter- und Glasfasernetzen überträgt man jedoch *digital:* also nicht den Wellenzug, sondern eine schnelle Folge von Ja-Nein-Signalen in bestimmter Stellung zueinander. Dieses Verfahren heißt *Pulscodemodulation.*

Die Signale, auch wegen der Verwendung in der Datentechnik Bit genannt, entstehen durch Abtastung zum Beispiel des üblichen Fernsehsignals in bestimmten festen Abständen. Je nach ertastetem Wert erhält das Signal die Zuordnung Ja oder Nein — das bedeutet eine Spannung bestimmter Höhe oder Null. So entsteht eine bestimmte Folge

Abb. 11: Jeweils 19 Lichtfasern mittlerer Güte sind zu Kabeln gebündelt seit Mitte 1974 erhältlich. Bezieht der Abnehmer mehr als 5 Kilometer, dann beträgt der Preis etwa 70 DM/Meter

von Rechteckspannungen, die verschlüsselt und in Übertragungskapazität sparenden Stichproben dasselbe wie der Wellenzug ausdrücken (Abb. 12). Die Einsparung ist allerdings nicht sehr hoch. Nur läßt sich nach dem PCM-Verfahren – Kürzel für Pulscodemodulation – leichter und störungsfreier übertragen.

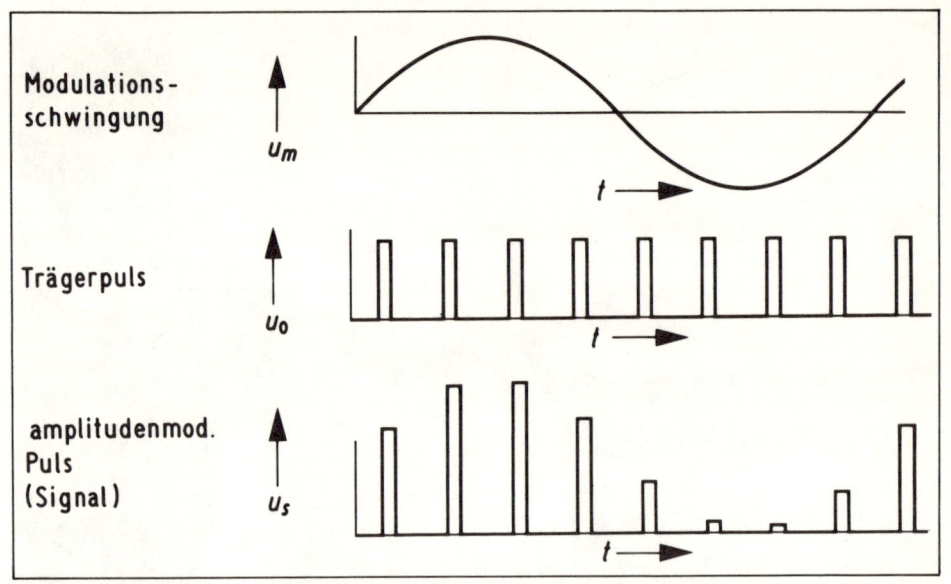

Abb. 12: Schematische, sehr grobe Darstellung der digitalen Abtastung einer Schwingung. Das untere amplitudenmodulierte Signal wird nach der Verschlüsselung (Pulscodemodulation) übertragen

"Zusammenpressen" von Nachrichten

Wir haben gesehen, daß mit Hohl- und Glasfaserleitungen grundsätzlich Übertragungswege für Bildtelefone zur Verfügung stehen. Nur ist die Zahl der gleichzeitig übertragbaren Gespräche noch immer nicht wirtschaftlich genug. Deshalb ist man in amerikanischen, britischen und deutschen Laboratorien dabei, nochmals die für ein Bildferngespräch erforderliche Bandbreite zusammenzupressen. Entsprechend nennen die Wissenschaftler ihr Vorhaben *Bitratenkompression:* die Zahl der aufeinanderfolgenden Impulse oder Bit soll kleiner werden.

Gelingt nun die Absicht, die für die Übertragung eines Bildes nötigen Signale etwa um das Verhältnis 1:9 oder 1:10 zu vermindern, dann lassen sich mit demselben Aufwand entsprechend unserer heutigen Fernsehnorm rund 150 Bildferngespräche auf einer Glasfaser und 1.600 auf einem Hohlleiter übertragen.

Die Arbeiten an diesem Vorhaben, das hilft, Leitungen und damit Geld zu sparen, werden in der Bundesrepublik beispielsweise vom Ministerium für Forschung und Technologie an einigen Hochschulen und in Industriefirmen finanziell gefördert. Als Ziel der Untersuchungen gibt man an, den Fernsehrundfunk als Instrument der "gerichteten Kommunikation" durch ein System der "ungerichteten Kommunikation" zu erweitern. In schlichtem Deutsch heißt das: nicht nur Berieselung des Bürgers, sondern sein eigenes Tätigwerden eben über das Fernsehtelefon in einem Nachrichtennetz.

Damit das ohne allzu großen Aufwand möglich wird, ist die zuvor angeführte nochmalige Minderung des Signalumfangs erforderlich. Bedeutsam erscheint den Entwicklern dabei aber, die vom Betrachter des Bildes empfundene Qualität etwa der gewohnten Qualität gleichzuhalten. Die Ingenieure wollen die bisherige Datenmenge für ein Fernsehbild von 70 Millionen Informationseinheiten pro Sekunde auf 8 Millionen herunterdrücken.

Dazu bieten sich verschiedene Möglichkeiten an: einmal nimmt man all das aus dem Bild heraus, was nicht wichtig ist und rein statistisch immer wiederkehrt. Es belastet nur die Übertragung. Die Wissenschaftler nennen das Redundanz-Reduktion. Das ist vergleichbar mit einer Schreibmaschinenseite, die als Bild ganz übertragen werden muß, um die etwa 15 bis 20 Prozent als beschriebener Raum vorliegende Information zu bekommen. Der Raum zwischen den Buchstaben und den Zeilen ist unwichtig. Würden nur die Buchstaben übertragen, dann fehlte keine Information, die nicht übertragenen Signalteile ließen sich am Empfangsort wieder hinzufügen, weil man weiß, wie weit Buchstaben und Zeilen voneinander entfernt sind.

Betrogenes Auge

Anders liegt die Sache bei der sogenannten Irrelevanz-Reduktion. Hier kommt wieder das Unvermögen des Auges ins Spiel. Seine Beobachtungsschwäche wird durch Weglassen oder Verzerren bestimmter Signalteile ausgenutzt. Die dabei unterdrückte Information ist verloren, nur muß das so überspielt werden, daß der Betrachter es nicht merkt (Abb. 13).

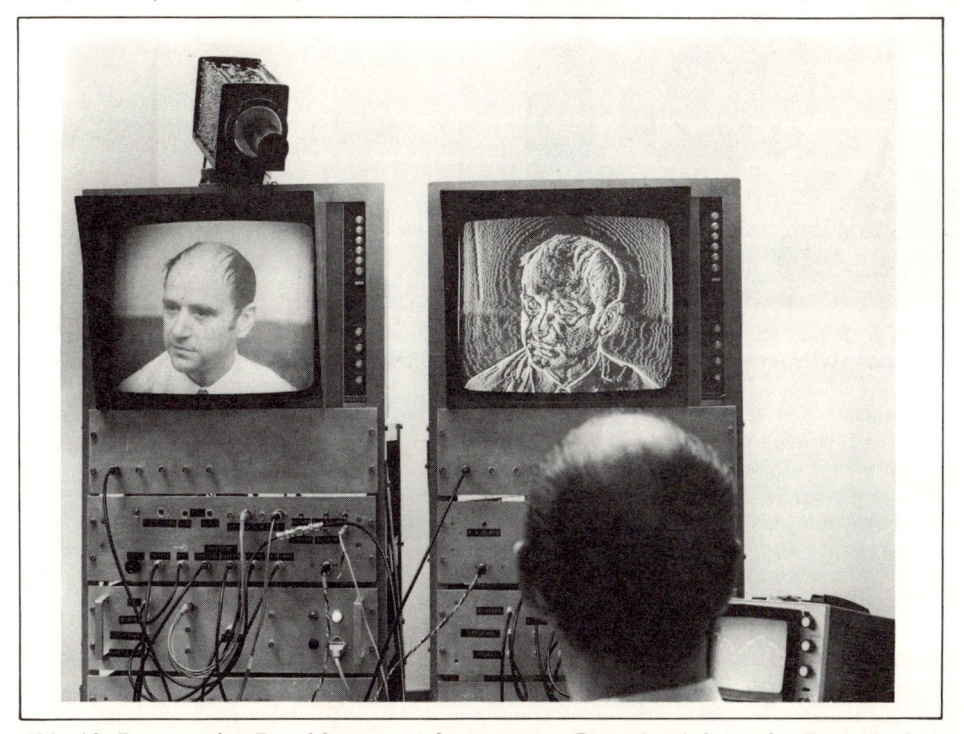

Abb. 13: Das von der Fersehkamera aufgenommene Protrait wird von der Kompressionseinrichtung behandelt und auf dem linken Fernsehschirm wiedergegeben. Auf dem rechten Monitor zeigt das sogenannte Relevanzsignal an, wo im Bild wichtige Helligkeitsänderungen auftreten. Durch den hier erreichten Kompressionsfaktor von 1:5 wird nur ein Fünftel der Datenrate des Normalbildes übertragen

Grundsätzlich gehen die Wissenschaftler bei der Bitratenkompression in zwei Stufen vor. In der ersten Stufe nutzen sie das Weglassen unwichtiger Information in Verbindung mit den Schwächen des menschlichen Auges zur Dateneinsparung aus. Beispielsweise werden Bildsignale in detailreichen Zonen – das heißt, hier gibt es viele Informationen – gröber gestaltet als in detailarmen, da dort das Auflösungsvermögen des Auges wesentlich höher ist (Abb. 14). Ein Beispiel für eine detailarme Zone wäre ein gleichmäßig blauer Himmel mit einem darin fliegenden großen Vogel.

Bei diesem Vorgehen entfällt also etliche Information, ohne daß das Auge es merkt, denn der Vogel würde auf jeden Fall erscheinen. Einen Wald mit verschiedenartigem Baumbestand würde man nicht so genau ins Bild bekommen, da ohnehin niemand beim Fernsehbild darauf achtet, wie sich die einzelnen Nadel- oder Laubhölzer im Wald aufteilen.

In der zweiten Kompressionsstufe macht man Gebrauch vom verminderten Erkennungsvermögen des menschlichen Auges für Bewegungen. Man überträgt ein Bild und bietet es dem Betrachter, nachdem man es komplett eine bestimmte Zeit lang gespeichert hat, noch einmal an. Damit überträgt man statt der üblichen 24 nur 12 Bilder und tut das trotzdem flimmerfrei, da das Auge 24 Bilder erhält. Nur sind bei Bewegungen die Sprünge etwas größer, doch erreicht das bei weitem nicht das Ausmaß etwa der eckigen Bewegungen von Charlie Chaplin in früheren Filmen.

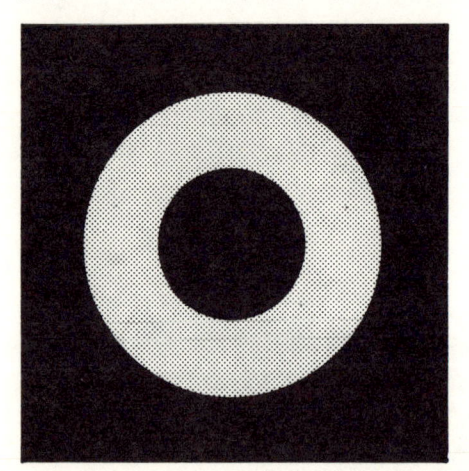

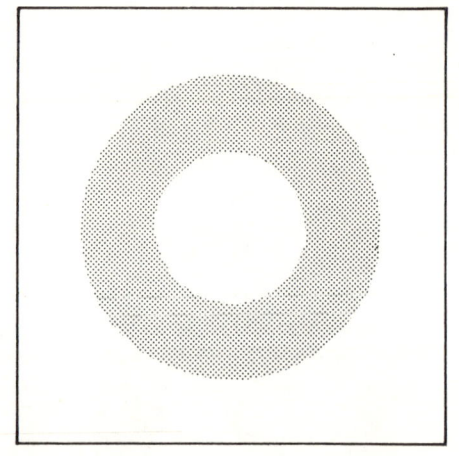

Abb. 14: Das Auge ist von Umfeldbedingungen abhängig: der graue Ring im schwarzen Feld wird als heller empfunden, als der graue Ring in weißer Umgebung

Wesentlicher Baustein der ersten Kompressionsstufe ist ein sogenannter „adaptiver Codierer mit einem Relevanzdetektor". Auf Deutsch etwa: „selbstlernendes Verschlüsselungsgerät mit einem Detektor, der entscheidet, was wichtig ist". Dieses Geräteteil sorgt dafür, daß anstelle des kompletten, in kleine Sprünge unterschiedlicher Höhe aufgelösten Bildsignals, das anzeigt, ob es im Bild „hell" oder „dunkel" ist, während der Abtastzeiten nur wirkliche Änderungen gegenüber dem vorherigen Zustand im Bild ermittelt und anschließend verschlüsselt werden. Ein positiver Impuls heißt dann beispielsweise, die betreffende Stelle im Bild wurde heller, ein negativer Impuls zeigt ein Dunklerwerden an.

Das Gerät tut aber noch etwas: Ist zusätzlich der Unterschied zwischen zwei aufeinanderfolgenden Signalen sehr gering, so brauchen sie teilweise nicht übertragen zu werden. Damit entstehen zunächst einmal während der Abtastzeiten sogenannte Null-Wörter im Strom der Bildinformation. Da sie nur Leitungsraum kosten, werden sie unterdrückt und der zwischen dem letzten gelaufenen und dem folgenden wichtigen Signal entstehende „Leerraum" wird zeitgemäß erfaßt und im Signal als Abstandsadresse ausgedrückt.

Es läßt sich vorstellen, daß damit weitaus weniger Daten als bei der üblichen Übertragung anfallen. Störend ist nur, daß die Daten unregelmäßig entstehen, die Leitung aber konti-

nierlich bedient werden will. Deshalb speichert man die eintröpfelnden Informationen eine bestimmte Zeit und gibt sie anschließend mit gleichmäßiger Geschwindigkeit – gewissermaßen paketiert – auf die Leitung.

Problematisch bei dieser Art der Codierung der Signale ist der unterschiedliche Detailreichtum in den Bildern. Die Menge der entstehenden Daten, hängt wie gesagt, von der Anzahl der auftretenden wesentlichen Helligkeitsänderungen im Bild ab. Während die Leitung eine gleichbleibende mittlere Datenübetragungsgeschwindigkeit verlangt, werden zum Beispiel vom Portait eines Bartträgers mehr Daten produziert als vom Bild eines rasierten Mannes. Hier tritt nun der ominöse Relevanz-Detektor, jener Apparat, der die Entscheidung trifft, was wichtig ist, in Aktion. In detailreichen Zonen unterdrückt er kleinere Helligkeitsänderungen und sorgt in detailarmen dafür, daß die Wiedergabe feinstufig bleibt. Er ist somit der eigentliche Betrüger des menschlichen Auges, dessen Verhalten er durch seine elektronische Auslegung kennt. Er schickt nur die Bildsignale in den Pufferspeicher für die Übertragung, die das Auge braucht, um in seiner „Ruhe" nicht gestört zu werden.

Das wäre die Sendeseite: ähnliches geschieht im Empfangsteil, nur im umgekehrten Sinne. Hier wird die verminderte übertragene Information durch Kunstgriffe wieder aufgefüllt. Was dann auf dem Bildschirm erscheint, unterscheidet sich nur unwesentlich von dem früheren Originalbild. Der Effekt dabei ist, daß wir statt der bisherigen 15 Bildferngespräche über eine Glasfaser jetzt 150 nahezu mit der Qualität des gewohnten Fernsehbildes übertragen können. Die Wissenschaftler werden ihr Ziel in etwa einem Jahr erreicht haben (Abb. 15).

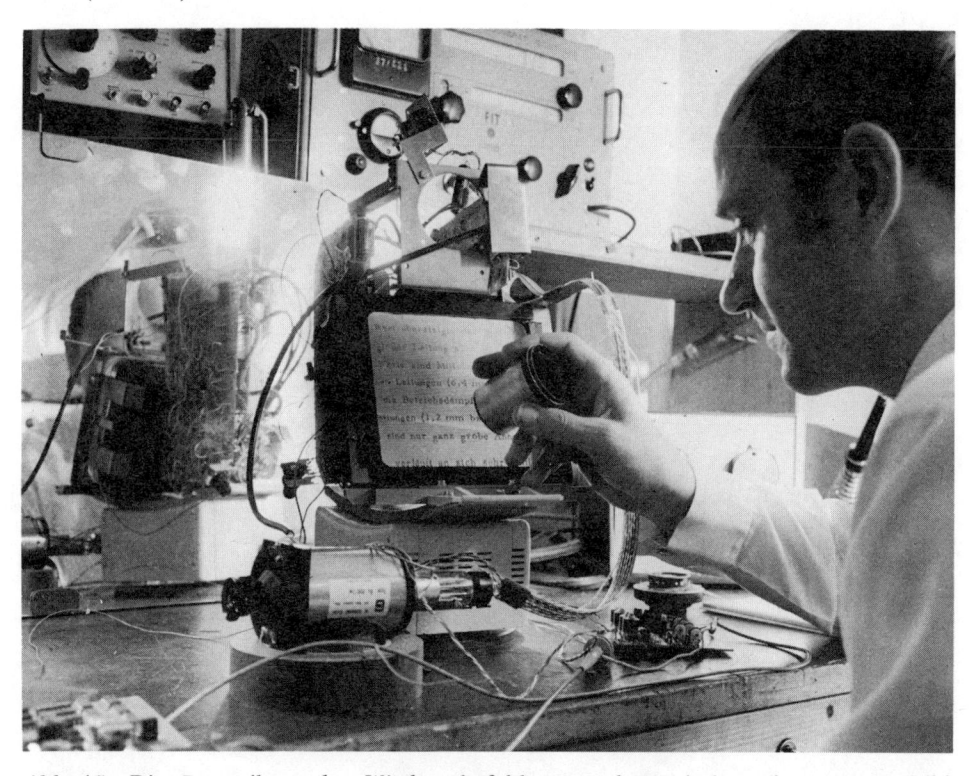

Abb. 15: Die Beurteilung der Wiedergabefehler von komprimiert übertragenen Bildsignalen setzt ein einwandfreies Funktionieren des Monitors voraus. Hier prüft ein Wissenschaftler die Wiedergabe eines Gerätes. Die optische Kontrolle mit der Lupe entlarvt Fehler der Abblenkeinheiten, Fokussierfehler und paarige Zeilen

7. POLYOXIDE: PUTSCHMITTEL FÜR SCHIFFE UND FEUERWEHR

Fische sind schlüpfrig

Dies trifft zumindest solange zu, wie sie in ihrer natürlichen Umgebung leben. Damit stellt sich die Frage: Warum ist das ohnehin schon glatte Schuppenkleid der Fische zusätzlich mit einem zähen Schleim überzogen? Diese Schicht macht den bereits durch seine Körperform strömungsbegünstigten Fisch noch schneller. Sie vermindert seinen von der Zähigkeit des Wassers hervorgerufenen Reibungswiderstand.

Der Fisch ist seit dem Bestand seiner Art so ausgestattet. Die Wissenschaftler hingegen kennen diesen Effekt erst seit wenigen Jahrzehnten. Im Zweiten Weltkrieg entdeckten Hydrodynamiker — Wissenschaftler, die sich mit Strömungsvorgängen auseinandersetzen —, daß bei Zugabe bestimmter Chemikalien die Druckverluste bei *turbulenten Rohrströmungen* nicht den bis dahin bekannten Gesetzen folgten.

Turbulente Strömungen kennen wir alle von einem Wildbach oder einem Wasserhahn mit hohem Druck, den wir zu weit aufgedreht haben, so daß das Wasser stoßweise und spritzend entweicht. Auch Sturm ist ein Beispiel für Turbulenz. Er „reibt" sich an jeder Hausecke, bildet Wirbel, und ist überhaupt in bebautem Gelände wenig zielgerichtet. Ähnlich sieht es bei sehr schnellen Strömungen in Rohrleitungen aus *(Abb. 1)*.

Abb. 1: Entstehung und volle Ausbildung einer turbulenten Strömung im Rohr

Die für die Turbulenz nötige Energie wird der Strömungsenergie der Flüssigkeit entzogen, so daß die Durchflußmenge beispielsweise durch eine Rohrleitung bei weitem nicht die Höhe erreicht, die sie unter günstigen Bedingungen haben könnte. Diese günstige Bedingung ist ein *laminarer Strom,* bei dem Flüssigkeit sich ohne Verwirbelungen durch ein Rohr oder einen Kanal bewegt *(Abb. 2).*

Hier befindet sich bildlich betrachtet ein „Stromfaden" neben dem anderen. Auch in der Grenzschicht, das heißt zum Rand des Rohres oder zur Einfassung hin, treten keine Verwirbelungen auf, auch wenn sich hier die Zähigkeit des flüssigen Gutes am ehesten bemerkbar macht.

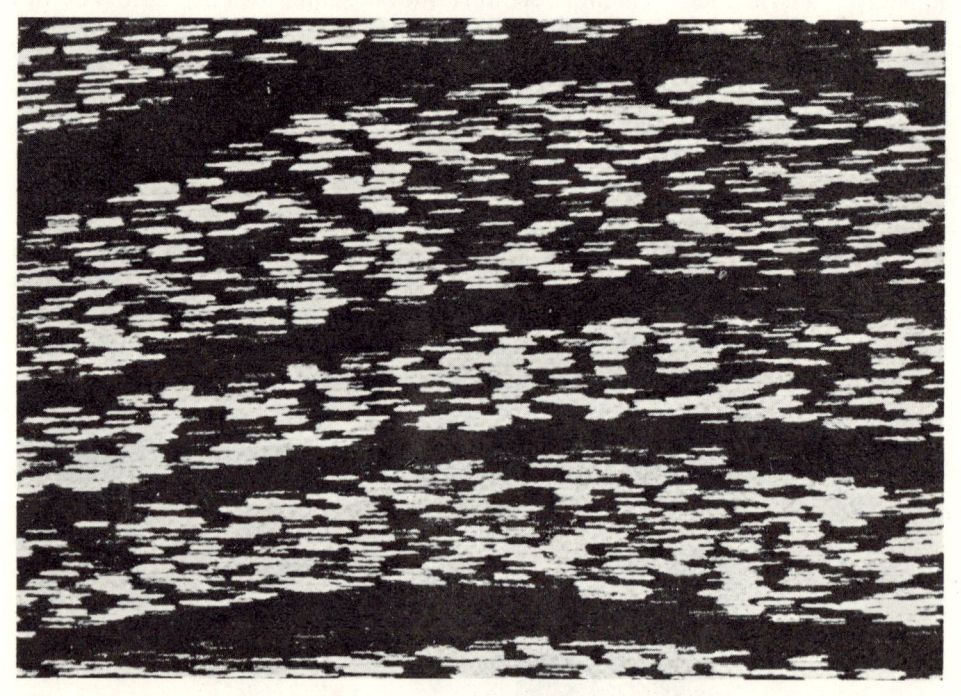

Abb. 2: Durch Aluminiumpulver sichtbar gemachte laminare Strömung, bei der die Stromfäden nebeneinander liegen

Die Vermeidung von Turbulenzen klärte grundlegend 1948 ein Wissenschaftler: nach ihm wurde das Phänomen *TOM-Effekt* benannt. Diese Arbeit behielt etwa zehn Jahre lang nur einen rein wissenschaftlichen Wert. Erst dann kamen, angefacht durch die vielfältigen Entwicklungen von organischen Kunststoffen auf der Basis von Kohlenwasserstoffen in Verbindung mit Sauerstoff, Chemikalien in Sicht, die sich für die neue Technik effektiv einsetzen ließen. Hierbei handelt es sich um sogenannte *Hochpolymere,* Verbindungen, die in der Lage sind, Riesenmoleküle zu bilden. Zu diesen Hochpolymeren gehören Stoffe mit den Bezeichnungen Polysaccharide, Polyacrylamide und Polyäthylenoxide.

Diese Chemikalien, in geringen Mengen in strömende Flüssigkeiten gebracht, setzen den zähigkeitsbedingten Reibungswiderstand in Rohren oder von umströmten Körpern, wie Schiffen, um hohe Prozentsätze — bis 80 Prozent — herunter. Damit diese großen Verbesserungen gelingen, müssen die Moleküle lange Ketten bilden: bis in die Größenordnung von Millimetern.

Fäden beruhigen das Wasser

Diese Feststellung ist zunächst verblüffend, doch läßt sich der Effekt mit eben den millimeterlangen Molekülen zeigen. Warum das so ist, konnten die Wissenschaftler bis heute noch nicht eindeutig klären. Sie haben allerdings eine Modellvorstellung darüber:

Abb. 3: In Wasser gelöste Polyoxide lassen eine gallerartige Masse entstehen

Diese Riesenmoleküle verhalten sich in wässriger Lösung wie ein Netzwerk aus Filz und lassen somit wahrscheinlich keine turbulente Bewegung ihrer Lösungsflüssigkeit zu. Damit tritt die erwünschte Unterbindung von Querbewegungen ein und als deren Folge eine weitgehende Annäherung an den Bewegungsablauf unter laminaren Strömungsbedingungen. Damit werden die Verluste entsprechend geringer.

Die bis heute besten „Wasserberuhiger" sind Polymere von Polyäthylenoxid. Diese im Grundzustand als weißliches, feines Pulver gehandelte Chemikalie läßt sich — wenn man es versteht, und bisher haben noch nicht allzuviele

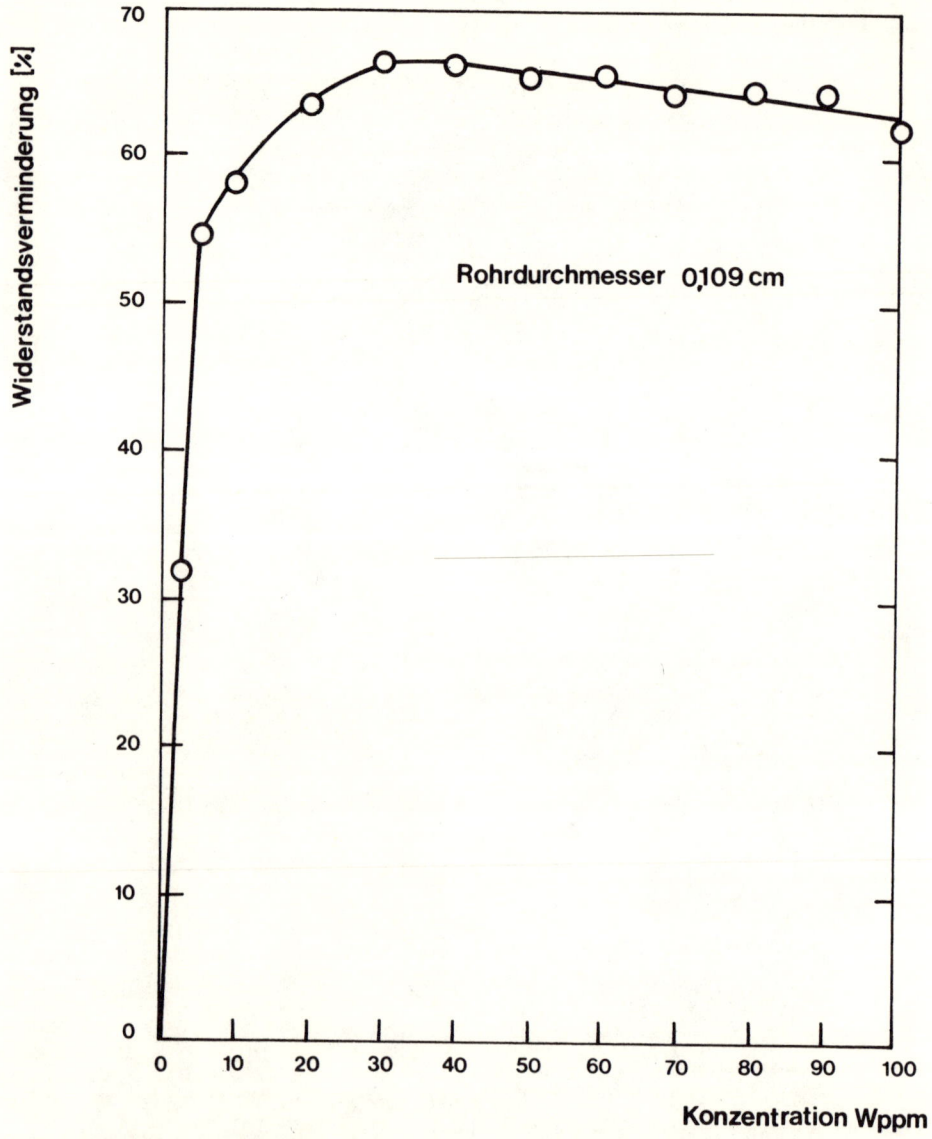

Abb. 4: Widerstandsverminderung einer Strömung im dünnen Rohr bei unterschiedlichen, auf das Gewicht bezogenen Zugaben von Polyoxid

Firmen und Institute dieses Know-how — mit Wasser zu einem dicklichen Teig verrühren und strömenden Flüssigkeiten beimengen. Diesen Vorgang kann man mit dem Anrühren von Mehl vergleichen.

Abbildung 3 zeigt zur Demonstration einmal Polyoxide, wie wir sie kurz nennen wollen, mit Wasser vermengt, um zu zeigen, wie aus diesem Wasser eine gallertartige Masse wird. Diesen „Teig", der für spezielle Anwendungsfälle aus ganz besonderen Sorten von Polyoxiden besteht, nun so in das Wasser zu bringen, daß er sich gleichmäßig verteilt und den gewünschten Effekt hervorruft, blieb bis heute schwierig. Das Pulver ist nur etwa ein Zehntel so schwer wie Wasser. Und die Mengen, die man Wasser zur Minderung von Strömungsverlusten beimengen muß, sind äußerst gering. Zum Beispiel reichen bei einer nur einen Millimeter dicken Rohrleitung für ein Kubikmeter Wasser dreißig Tausendstel eines Liters für eine fast 70prozentige Widerstandsverminderung aus *(Abb. 4).*

Chemisch sieht die Grundstruktur des Polyoxids so aus: an ein Sauerstoffatom sind zwei Kohlenwasserstoffgruppen auf bestimmte Weise angelagert entsprechend der Formel $(-O-CH_2-CH_2)_n$. n bezeichnet den Grad der Polymerisation oder einfacher: es legt fest, wie oft sich die Grundstruktur mit ihresgleichen verbinden kann. Dieser Polymerisationsgrad reicht von 2 000 bis rund 100 000.

Damit ergeben sich bei einem relativen Molekulargewicht von 4, in der Polymerisation Molekulargewichtsbereiche von 100 000 bis zu 5 000 000. Das Molekulargewicht ist die Summe der Gewichte der Atome, aus denen ein Molekül besteht. Der Einsatz der Chemikalie Polyoxid richtet sich nach diesen Molekulargewichten. Bei dem hier vorliegenden Fall von Widerstandsminderung in Rohrleitungen oder von umströmten Körpern, die zum Beispiel Schiffe sein können, ist derjenige Typ mit den längsten Molekülketten gerade recht. Denn je länger die Kette, desto „zäher" ist der „Schleim" mit der entsprechenden Wirkung zur Beruhigung von Turbulenzen (Abb. 5).

Abb. 5: Die hier übertriebene Konzentration von langkettigen Polyoxiden in Wasser läßt einen zähen Schleim entstehen, der wie Spaghetti mit der Gabel aufgenommen werden kann

Die Feuerwehr spritzt weiter

Dies ist beispielsweise ein Effekt, den die Zugabe von Polyoxiden zu Wasser haben kann. So hat die Hamburger Feuerwehr in der zweiten Hälfte 1974 ihre Ausrüstung um Zugabeeinrichtungen für Polyoxide erweitert.
Was das bedeutet, zeigt ein simples Beispiel: Nehmen wir an, auf einem Bauernhof sei ein Feuer ausgebrochen. Der Brandmeister entscheidet, den Herd von zwei Seiten zu bekämpfen. Er wählt, wie es im Fachjargon heißt, zwei C-Strahlrohre, die 400 Liter Wasser in der Minute liefern sollen. Die diese Rohre oder Spritzen versorgende Pumpe schafft in der Minute 800 Liter und hat einen Ausgangsdruck von 10 Atmosphären. Üblicherweise darf nun der Abstand zwischen einem Teich zur Wasserentnahme — das ist gleichzeitig der Standort zur Pumpe — nicht mehr als 180 Meter vom Brandherd betragen. Mischt man aber in einer sogenannten Widerstandsverminderungs-Box dem Löschwasser Polyoxide bei, dann läßt sich die Distanz auf eine Entfernung von 360 Meter verdoppeln *(Abb. 6)*.
Hier ging es nun um die mögliche Schlauchverlängerung, doch lassen sich entsprechend auch bei der Feuerwehr die Durchsatzmenge der Schläuche oder die Spritzweite erhöhen.

In der Feuerwehrpraxis erreicht man durch Zugabe des Hochpolymeres Durchsatzerhöhungen zwischen 30 und 60 Prozent. Da sich die Spritzweite des Strahls entsprechend dem Druck an der Düse vergrößert — der Druck ist ja höher, weil unterwegs geringere Verluste auftreten —, gibt es auch hier um etwa 20 Prozent bessere Werte; dieses Plus resultiert rein aus der Druckerhöhung. Günstig wirkt sich zusätzlich ein Nebeneffekt der Riesenmoleküle in sofern aus, als der Strahl schärfer gebündelt ist *(Abb. 7)*. Das bedeutet, die Vernebelung am Düsenaustritt geht stark zurück, so daß nicht nur weiter sondern auch gezielter das Feuer zu bekämpfen ist. Und außerdem hat der am Strahlrohr stehende Feuerwehrmann weniger Kraft beim Halten des Strahlrohrs in Richtung Brandstelle aufzubringen, da der Rückstoß wegen der geringeren Verwirbelung an der Düse weitaus geringer ist.

Aus diesen Vorteilen ergeben sich zwei mögliche Schlüsse: entweder die Feuerwehr kann ihre derzeitige Ausrüstung eine Zeitlang beibehalten, oder, wenn keine höheren Anforderungen, wie zum Beispiel noch höhere Häuser, gestellt werden, sogar die Schlauchdurchmesser verringern. Das bedeutet dann am Brandplatz leichtere Handhabung des Materials, was letztlich eine schnellere Brandbekämpfung bringt.

Wie sieht nun die Beimengung der Polyoxide in der „Widerstandsverminderungs-Box" aus? Die eigentliche Zumischung erfolgt durch eine Strahlpumpe — bekannt aus physikalischen Versuchen in der Schule —; sie wird einfach an den Wasserhahn angeschlossen. Die Strahlpumpe liegt im Hauptstrom der Feuerwehrleitung, sie wird dort auf einfache Weise zwischengekuppelt.
In der Box selbst wird aus dem Hauptwasserstrom ein Nebenstrom abgezweigt, in dem eine spezielle Zumischdüse die schon mit Wasser angemischten Riesenmoleküle einbringt. Nach dieser Vormischung gelangt die Lösung nochmals in einen Verzögerungstank, da die

Moleküle alle mit Wasser in Verbindung gebracht werden sollen. Hierzu ist eine bestimmte Reaktionszeit nötig. Erst nachdem sich die Riesenmoleküle voll „entfaltet" haben, fließen sie in den Hauptstrom ab und sorgen dort für „Ordnung": sie dämpfen die Turbulenzen.

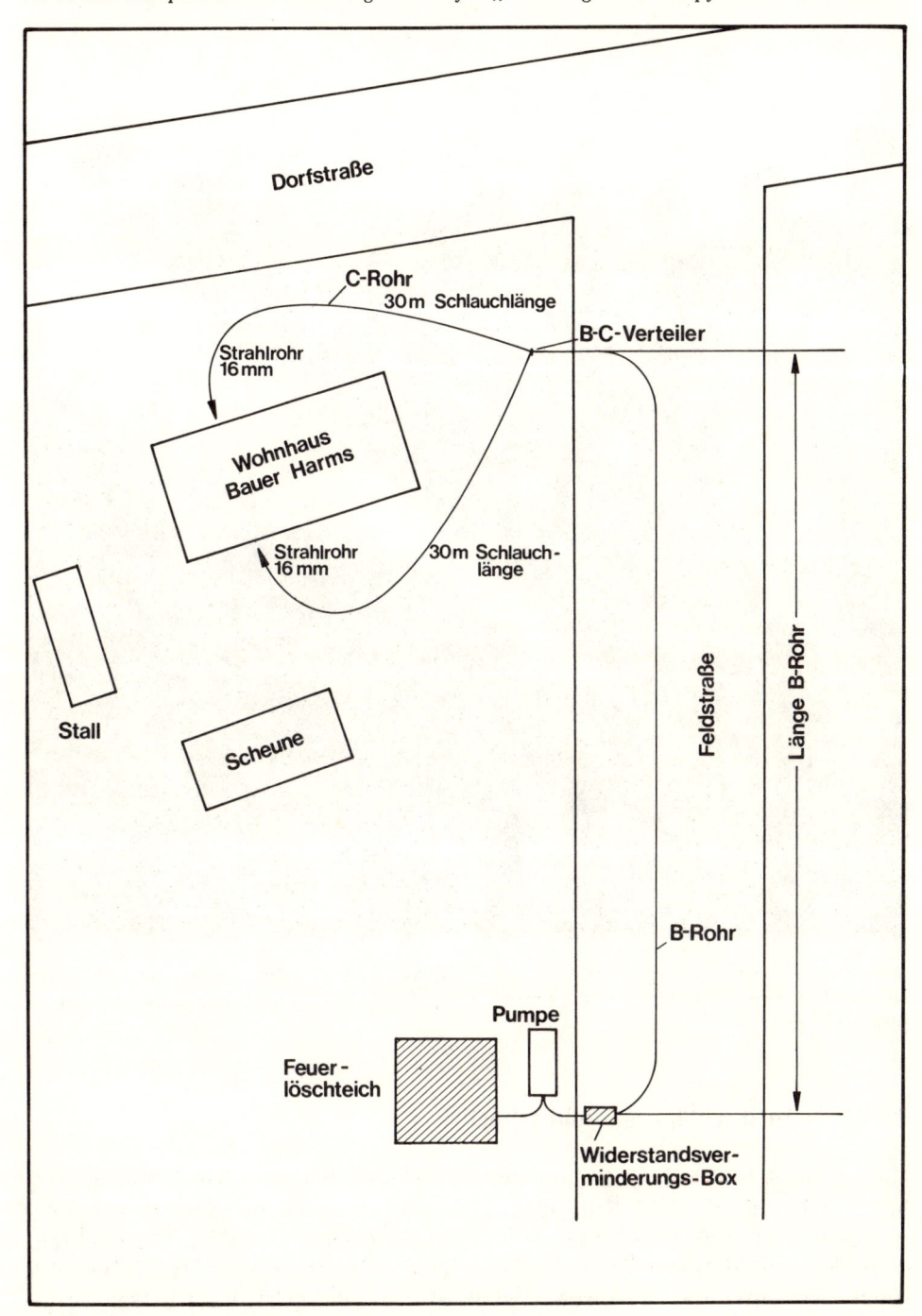

Abb. 6: Möglicher Feuerwehreinsatzfall

Abb. 7: Demonstration der Wirkung von Polyoxid-Beigabe zum Wasser bei der Feuerwehr. Glatt und ohne wesentliche Vernebelung tritt der Strahl aus der Düse und spritzt somit weiter

Schiffe werden schlüpfriger und schneller

Haben die Schiffskonstrukteure bisher versagt? Richtet sich doch ihr Streben einzig darauf, dem Rumpf eine möglichst schnittige oder besser strömungsgünstige Form zu geben. Gilt die Schnittigkeit noch für Segeljachten, so wirken die heutigen Riesentanker eher plump. Doch ihre Hydrodynamik spielt sich unter der Wasseroberfläche ab. Sie alle ziert, oder besser verunziert, heute am Bug ein riesiger Wulst, der jedoch die Anströmungsverhältnisse am Schiffskörper wesentlich verbessert. Dieser Wulst erinnert recht deutlich an die Nase eines U-Boots. Die heutigen Schiffskonstruktionsprinzipien kann man weitgehend als „ausgeknautscht" bezeichnen, auch wenn höhere Antriebsleistungen und größere Traglasten in Zukunft noch einiges zu tun übrig lassen. Man stößt eben in neue Dimensionen vor.

Trotz dieser Situation im konstruktiven Bereich lassen sich heutige Schiffe, ohne ihre Form oder ihre Antriebsleistung zu verändern, schneller machen. Helfer sind auch hier die Polyoxide, denn was sie im Wasser der Rohrleitungen leisten, können sie auch bei Körpern im Wasser erbringen.
Polyoxide sind also „Putschmittel" für Schiffe. Angriffspunkte für die Wunderchemikalie sind Stellen, an denen es zu Turbulenzen kommt, vornehmlich am Schiffspropeller (die Schraube) und am Bug. Da nun Handelsschiffe jeweils wochen- und monatelange Fahrten unternehmen, wäre ihr Verbrauch an Riesenmolekülen einfach zu hoch und die Fahrt — trotz des niedrigen Polyoxid-Preises — unrentabel. Der Schwerpunkt des Einsatzes dieser Moleküle im Schiffbau liegt daher im militärischen Bereich: bei der Marine. Zum einen spielen dort Kosten keine so große Rolle, zum andern wäre eine Zugabe von Polyoxiden immer nur befristet bei bestimmten Einsätzen nötig. Ohne große Umbauten am Schiff vorzunehmen, kann man zunächst einmal an der Schraube aktiv werden.

Um die Vorschubskraft der Schraube zu verbessern, läßt sich folgender Aufbau denken: die Schraube wird von einem rohrartigen Zylinder eingeschlossen, in den, durch den Schaft der Antriebswelle zugeführt, Polyoxide verteilt werden. Sie unterbinden an den Schaufeln die Turbulenzen, das heißt: der Widerstand, der sich der Schraube bietet, wird geringer. Entsprechend verbessert sich der Vorschub, weil sich der Propellerwirkungsgrad erhöht *(Abb. 8)*.

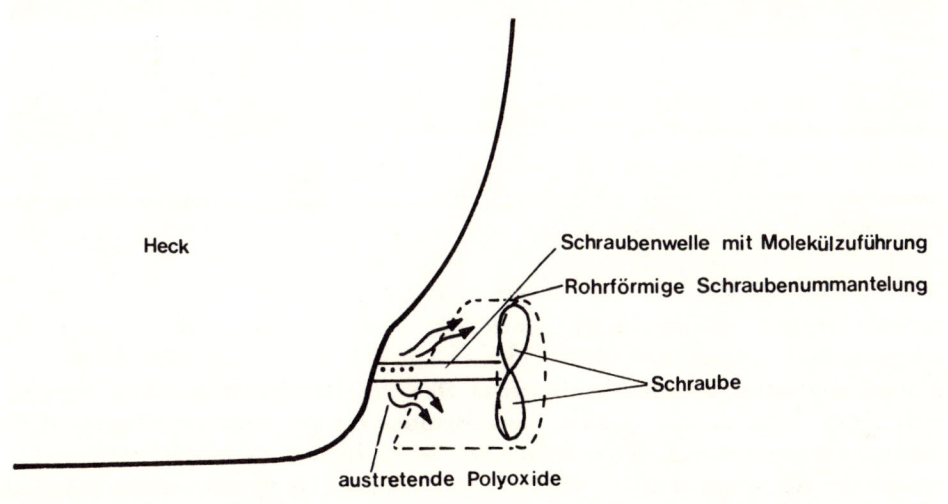

Abb. 8: Mögliche Zuführung der Riesenmoleküle zur Schiffsschraube durch die Schraubenwelle

Dazu ein Beispiel aus der Praxis: ein Zweischraubenschiff, etwa in der Größe eines Zerstörers, muß um 41 Knoten in der Stunde schnell sein – immerhin 76 Kilometer pro Stunde – und 20.500 PS starke Maschinen haben. Mindert sich der Widerstand um 40 Prozent, und das schaffen die Riesenmoleküle, dann ist dieses Schiff bereits mit 18.300 PS ebenfalls 41 Knoten schnell. Es verfügt somit noch im Ernstfall über eine Leistungsreserve von 2.200 PS oder 11 Prozent. Wie schnell damit das Schiff letztlich wird, bleibt militärisches Geheimnis. Eine andere Möglichkeit besteht darin, die Maschine von vornherein kleiner zu halten, somit Gewicht und Brennstoff zu sparen. Es gibt vielfältige Möglichkeiten in diesem Bereich, die unmittelbar voneinander abhängen.

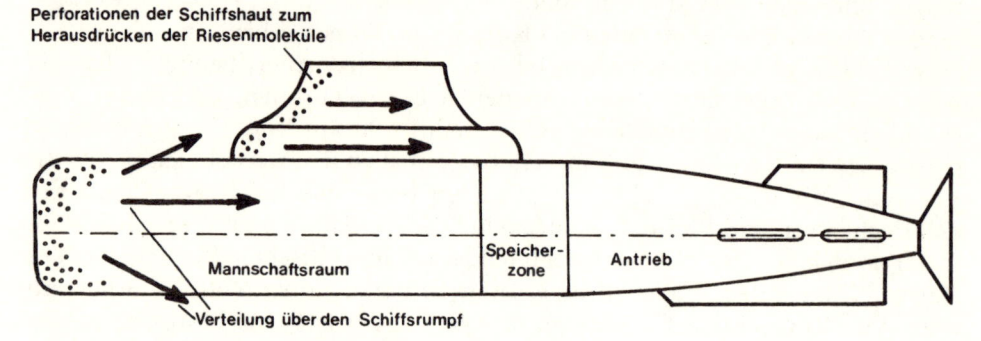

Abb. 9: U-Boot mit perforierten Zonen in der Forderfront, um die Polyoxide zur Widerstandsverminderung entlang des Schiffsrumpfes zu verteilen

U-Boote: Reibungswiderstand überwinden

Noch weit verbesserungsfähiger sind U-Boote, da im getauchten Zustand 90 Prozent ihrer Antriebsleistung zur Überwindung des Reibungswiderstandes dienen. Um ein Tauchschiff schneller zu machen, müßten seine Maschinen erheblich vergrößert werden. Das würde gleichzeitig den Rattenschwanz einer ebenfalls erweiterten Energiespeicherung – sei es nun als Öl für den Diesel oder als Elektrizität für die Elektromotoren – nach sich ziehen.
Die Experten sind heute der Meinung, U-Boote ließen sich am wirksamsten schneller machen bzw. ihre Laufstrecke verlängern, indem man dem Grundübel zu Leibe geht: dem hohen Reibungswiderstand. Sie glauben, daß sie den Reibungswiderstand um 45 Prozent, also um annähernd auf die Hälfte, drücken können. Dazu müßte allerdings der gesamte Schiffskörper schlüpfrig wie ein Fisch werden.
Wie das die Ingenieure genau bewerkstelligen, unterliegt der Geheimhaltung, aber das Prinzip ist klar: am Bug des U-Bootes wird durch eine Vielzahl von Löchern das Polyoxid herausgedrückt, es legt sich wie ein schützender Mantel aus Schleim um die Hülle des Bootes *(Abb. 9)*. Knifflig ist nur die Frage, an welcher Stelle und mit welcher Geschwindigkeit die Riesenmoleküle zugeführt werden, da natürlich das Seewasser die Moleküle löst und abträgt.
Immerhin scheinen diese Versuche heute sehr vielversprechend zu sein, da die Auskünfte der militärischen Stellen inzwischen noch rarer ausfallen, als vor etwa einem Jahr. Insgesamt kann man damit rechnen, daß sich die Lauf-

strecke so präparierter U-Boote bei kontinuierlichen Moleküleinsatz etwa vervierfacht. Dies aber ist nur das Ergebnis der Widerstandsverminderung am Schiffsrumpf, es kann noch die Verbesserung an der Schraube hinzukommen.
Bleiben wir noch kurz bei den Schiffen: Tragflächenboote zum Beispiel brauchen eine enorme Maschinenleistung, um sich mit ihrem Rumpf so weit aus dem Wasser zu heben, daß sie auf den Tragflächen gleiten können. Reibungsverminderung durch Riesenmoleküle könnte den Tragflächenbooten helfen, schneller auf die „Beine" oder auf die Tragflächen zu kommen.
Diese Verwendungsmöglichkeiten sind an sich schon spektakulär. Doch gibt es noch eine Reihe anderer Möglichkeiten, die weit bedeutsamer sind, wenigstens auf den Menschen bezogen. Denn Polyoxid muß nicht unbedingt in Pulverform vorliegen. Man kann daraus auch *Folien* herstellen. Eine gewisse Bedeutung haben schon heute Samenbänder, etwa ein Zentimeter breite schlauchartige Streifen, in die in bestimmten Abständen Samenkörner eingebettet sind. Man kann sie wie eine Schnur in der Erde verlegen, kein Wind verstreut den Samen und der Abstand der Saat stimmt präzise. Der Boden wird optimal genutzt. Die im Boden vorhandene Feuchtigkeit reicht aus, die Folie zu zersetzen und den Weg für das Keimen des Samenkorns freizumachen.

Vom Pestizid bis zum Bierschaumhemmer

Wir alle wissen, daß Pestizide, also Bekämpfungsmittel gegen Insekten, in zu großer Menge angewendet, auch für Menschen gefährlich werden können. Damit beim Bauern oder Gärtner die Dosierung stimmt und das Gift nicht beim Hineinschütten in die Tanks der Spritzgeräte vom Wind zerstreut wird, was wieder den Bedienenden gefährdet, packt man die Pestizide einfach in Polyoxidfolie ein. Sie liegen dann genau portioniert für bestimmte Wassermengen vor, werden in das lösende Wasser geworfen und verursachen so wenig Umweltschäden.
Gleichartige Folien hüllen Silizium-Basisstoffe — äußerst feine Stäube, die zu Staublungen führen können — in der Kosmetikproduktion ein. Überhaupt ist die kosmetische Branche bisher einer der häufigsten Anwender. Als Pulver finden sich Polyoxide als Eindicker, Binder und Vermittler eines „weichen Gefühls" in Flüssigkeiten, Cremes und Shampoos. In der benachbarten Pharmazie als Tablettenbinder und Überzüge sowie in Zahnpasten. Die Reihe der Beispiele ist endlos.
Nur eines noch scheint interessant: Die Amerikaner lieben den beim Schütten entstehenden Bierschaum nicht sonderlich; sie hemmen ihn mit Polyoxiden. Das bedeutet: es finden sich Riesenmoleküle also bereits in Lebensmitteln. Da stellt sich die Frage: Welche Gesundheits- und Umwelteinflüsse haben Polyoxide?
Diese Frage interessiert auch die amerikanischen Bundesbehörden, denn Polyoxide kommen aus den USA, sie werden dort für Arzneimittel und für den Umweltschutz in immer stärkerem Maße verwandt.

Nach langen Versuchen an Tieren kamen die Behörden zu dem Schluß, daß die Riesenmoleküle in Verbindung mit Nahrungsmitteln, Arzneimitteln und Kosmetika richtig dosiert, bedenkenlos anwendbar sind. Wegen ihres hohen Molekulargewichts werden sie zum Beispiel kaum verdaut, sondern wieder ausgeschieden. Die möglichen Effekte auf die menschliche Haut oder auf die Augen sind sehr gering.

Die Behörde hat genau die Mengen festgelegt, die sich in den betroffenen Materialien finden dürfen: in Bier beispielsweise soll der Polyoxidgehalt 300 Teile auf 1.000.000 Teile Gerstensaft nicht überschreiten. Die Umweltschützer haben den Gebrauch zusammen mit Pestiziden für die Anwendung bei Früchten und Gemüsen aller Art vollkommen freigegeben. In Flüssen zerfallen die Riesenmoleküle unter dem Einfluß von UV-Strahlen und durch die verschiedenen mechanischen Kräfte, denen sie unterworfen sind. Beim Zerfall bleiben die Ausgangsmaterialien Kohlenstoff und Wasser übrig.

Diese relative Ungefährlichkeit hat zu Experimenten geführt, die Auswirkungen in der ferneren Zukunft haben mögen: Forscher geben Polyoxide der Antriebsflüssigkeit für künstliche Herzen bei und andere versuchen zunächst noch an Tieren, den Blutstrom zu verbessern, wenn Herzkrankheiten oder die gefährliche Arterienverkalkung den normalen Strom behindern. Ob indes diese Versuche Menschen eines Tages helfen werden, ist nicht abzusehen. Hauptanwender werden zunächst die chemische Industrie, die Landwirtschaft, die militärische Schiffahrt und das Bauwesen bleiben.

8. URI GELLER: ENTLARVTER GABELBRECHER

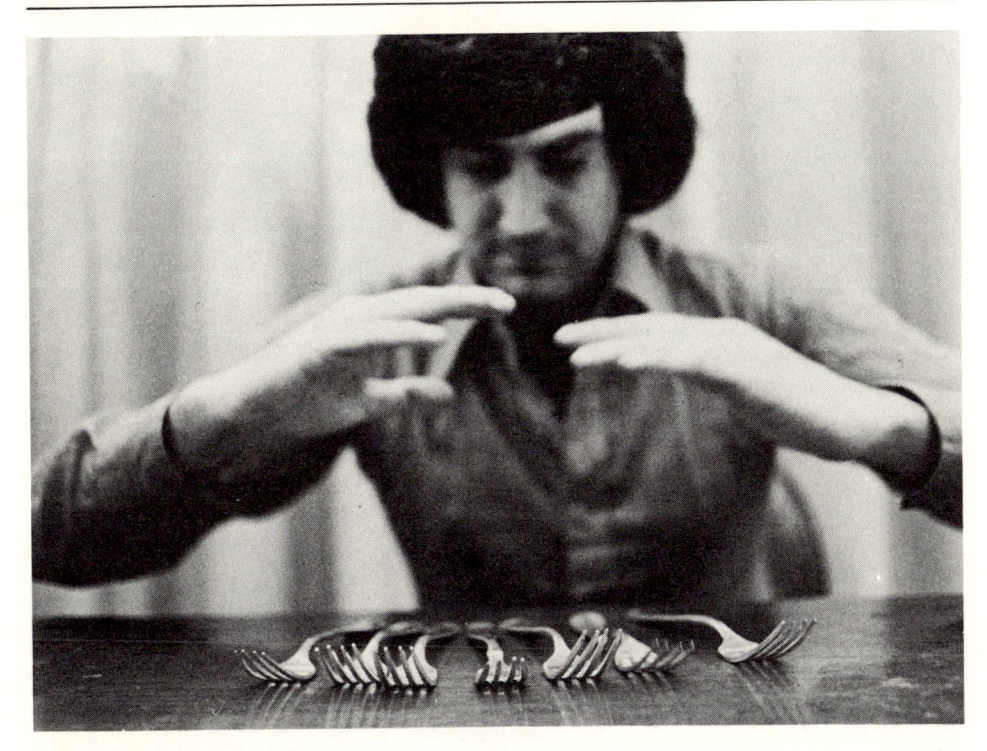

Abb. 1: Geller bei der Arbeit

Uri Geller — dank der Massenmedien uns allen bekannt als geheimnisvoller Gabelbrecher und Uhrentherapeut — übt sein Handwerk mit Tricks aus. Denn es braucht keine psychokinetischen Kräfte, um durch Reiben eine Gabel zu knicken; dafür gibt es viele Taschenspielertricks. Der primitivste ist, den Gabelstiel keilförmig auszusägen und danach den Keil wieder sorgfältig einzusetzen. Nach leichtem Druck bricht die Gabel. Es geschieht also kein Wunder, sondern es bedarf nur Geschicklichkeit, denn die präparierte Gabel muß nur im richtigen Augenblick ins Spiel gebracht werden *(Abb. 2)*.

Zum Glück gibt es noch elegantere Tricks, die zudem noch eine interessante Auflösung haben. Eine Metall-Legierung, beispielsweise Messing, scheint, unter dem Mikroskop betrachtet, aus lauter Einzelstücken zu bestehen. *Abbildung 3* zeigt Messing aus 80 Prozent Kupfer und 20 Prozent Zink.

Diese Abbildung 3 ist der erste Schlüssel zur Lösung von Gellers „geheimnisvollem" Tun. Und weiß man außerdem, daß Uri Geller nur Gabeln aus Metallgemischen das Fürchten lehrte — Geller bevorzugte Gabeln aus Neusilber, eine Kupferlegierung mit dem Handelsnamen *Alpaka* —, so wird die Spur

Abb. 2: Präparierte Gabel

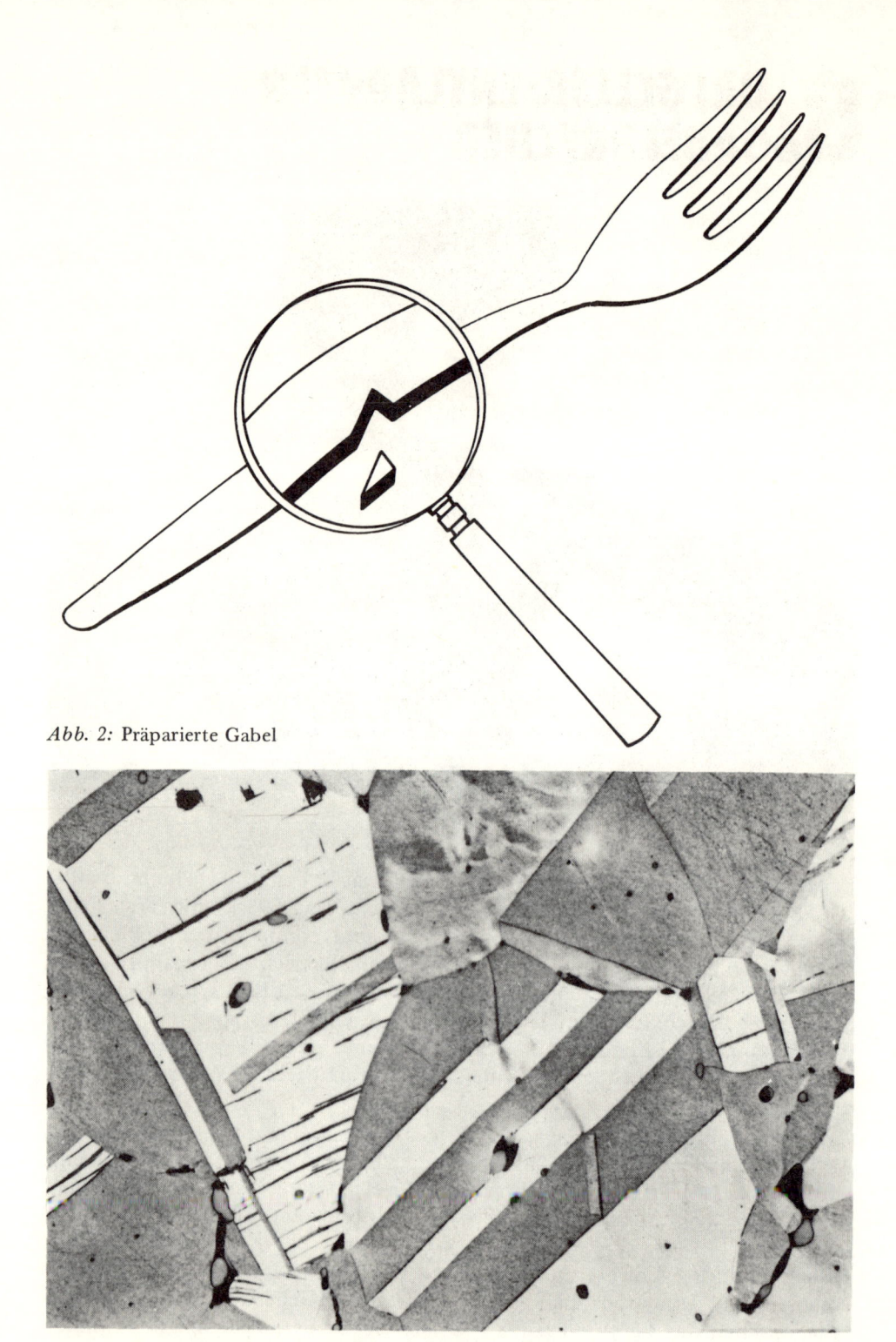

Abb. 3: Mikroskopaufnahme einer Metall-Legierung (80 % Kuper, 20 % Zink).

schon ganz heiß. Betrachten wir noch einmal Abbildung 3, so können wir uns unschwer vorstellen, daß diese Korngrenzen viel leichter auseinanderbröckeln als etwa das feste Gelfüge einer Silbergabel – darum ist es kaum verwunderlich, daß die „psychokinetische Kraft" Gellers bei einem Silberbesteck versagte.

Zum „Zaubern" ist allerdings noch eine Flüssigkeit notwendig, die in die Korngrenzen eindringt und die einzelnen Bezirke auseinanderdrückt. Diese Substanz ist altbekannt, sie wird zum Testen von Spannungen in Messingplatten verwendet. Hier das Rezept:

1prozentige Quecksilbernitratlösung: auf 1 Liter Wasser 10,7 g $HgNO_3 \cdot H_2O$ oder 21,4 g $HgNO_3 \cdot H_2O$ und 10 cm³ konzentrierte Salpetersäure (HNO_3).

Vorsicht!! Die Lösung ist giftig. Doch können Sie mit dieser Substanz Metalle knacken.

Wir schütten die Lösung in ein Glas, nehmen ein Stück Messing, biegen es und legen es in die Flüssigkeit. Ergebnis: es knackt; wenn wir das Messing wieder herausnehmen, ist es an der Biegestelle butterweich. Hier konnte die Lösung am ungehindertsten zwischen die Korngrenzen eindringen.

Abb. 4: Messingfassung im Quecksilbernitratbad
a) davor; b) danach

113

Mit Messingfassungen, wie sie heute nur noch selten bei Lampen zu finden sind, ist das Experiment noch wesentlich eindrucksvoller *(Abb. 4)*. Die mit dieser Lösung behandelten Fassungen können schon nach kurzer Zeit regelrecht zerkrümelt werden. Es gibt jedoch auch andere Tinkturen mit der gleichen Wirkung. Ammoniak etwa erzielt den gleichen Effekt:
Vor Jahren zerfiel plötzlich in einer Gartenlaube eine Messinglampe. Mehrere Zeugen konnten diesen unglaublichen Vorfall bestätigen. Schon glaubte man

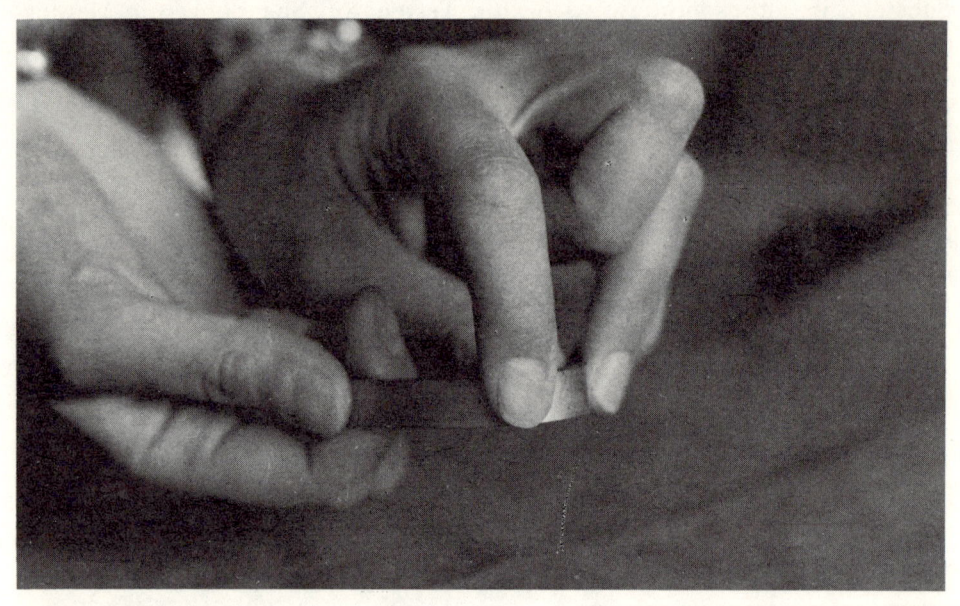

Abb. 5: der Messingstab wird gerieben

Abb. 6: er zerbricht unter leichtem Druck

an parapsychologische Kräfte. Doch die naturwissenschaftliche Lösung dieses Rätsels war recht simpel: die Gartenlaube stand nämlich neben einem Pferdestall; die dort entstehenden Ammoniakdämpfe und zusätzliche Temperaturschwankungen machten das „Wunder" möglich.

Uri Geller nun arbeitet folgendermaßen: ein wenig Flüssigkeit an den Fingern reicht schon aus, um einen gering gebogenen Messingstab an der Spannungsstelle zu erweichen und durch leichten Druck zu zerbrechen. Bei einer Alpaka-Gabel dauert es etwas länger, mit einigen Zaubersprüchen verkürzt er seinen Zuschauern die 4 Minuten Wartezeit.

Die Untersuchung einer von Uri Geller zerbrochenen Gabel mit einem Elektronenmikroskop ergab folgendes Resultat: die Bruchstelle von Uri Geller ähnelte stark der zweiten Bruchstelle, die mit der zuvor beschriebenen Lösung an derselben Gabel von einem Prüfer erzeugt worden war *(Abb. 7)*. An beiden Bruchstellen war *Spannungsrißkorrision* Ursache des Bruches: also die Anwendung z.B. unserer Lösung in Verbindung mit mechanischer Beanspruchung. Uri Geller kann eine andere Tinktur benutzt haben – die Wirkung bleibt jedoch die gleiche.

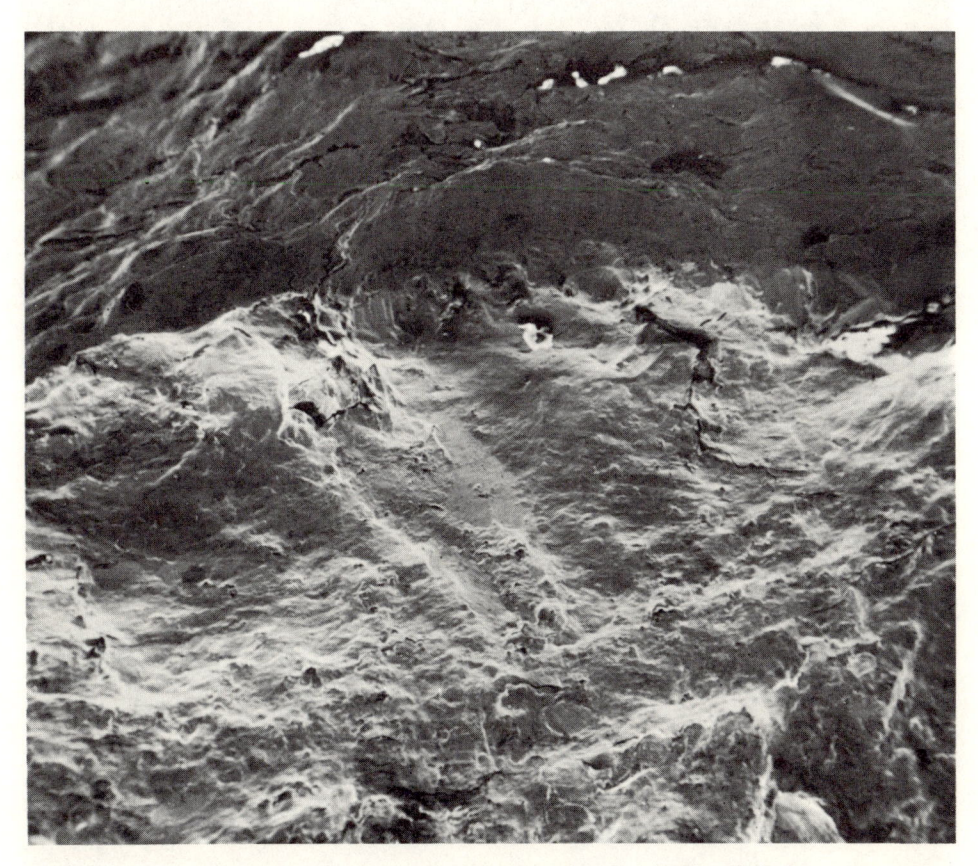

Abb. 7: Rasterelektronenmikroskopaufnahme von der Originalbruchfläche einer von Uri Geller zerbrochenen Alpaka-Gabel

Und hier ein Geheimtip für Sie, mit dem Sie Uri Geller Konkurrenz machen können: In Scherzartikelgeschäften können Sie in Stanniolwürstchen eingepackte Substanzen kaufen, die nach dem Anzünden immer größer werden. Es handelt sich um Quecksilberthiocyanat Hg (SCN)$_2$.

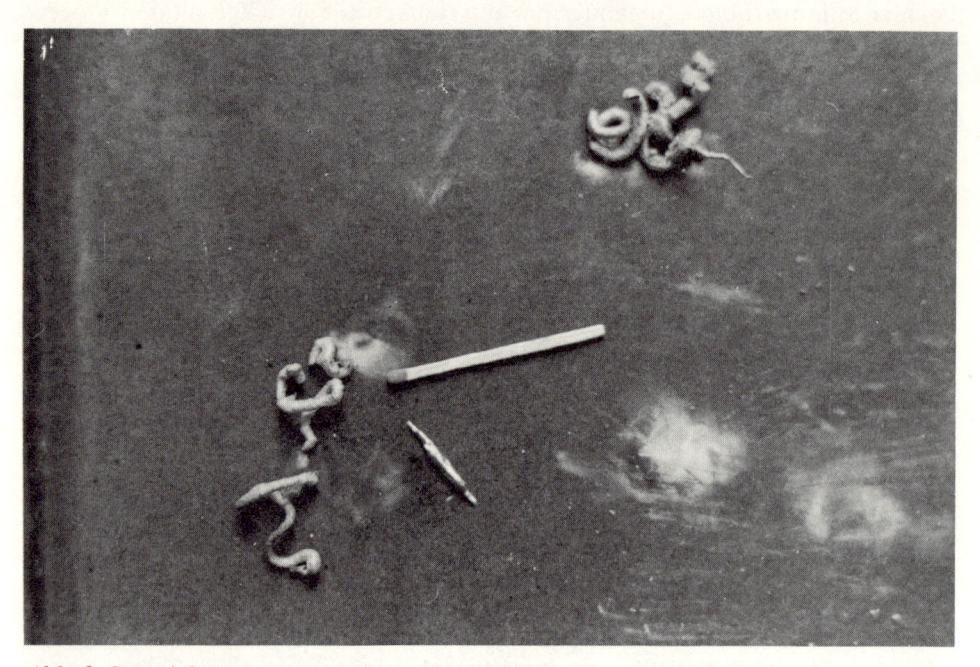

Abb. 8: Stanniolwürste

Abb. 9: Gewachsenes Aluminiumoxid

Beim Verbrennen geschieht folgendes: es bilden sich Gase, die in dem zähen Medium Blasen bilden und die Asche dadurch auftreiben. Das allein ist schon ein verblüffender Effekt, wäre er nicht altbekannt. Nun unser Tip:
Wickeln Sie eine solche Stanniolwurst aus, schütten Sie sich eine Spur des Pulvers auf die Finger und falten Sie damit ein Zigarettenpapier. Nach wenigen Sekunden wird das Zigarettenpapier teuflisch heiß. Auch hier wirken keine geheimnisvollen Kräfte. Es geht alles mit rechten Dingen zu: das Quecksilber in unserer Verbindung reagiert mit dem Aluminium des Zigarettenpapiers, bei dieser Reaktion wird Wärme frei. Wenn Sie das Zigarettenpapier befeuchten, beschleunigen Sie den Vorgang. *Aber Vorsicht!! Das Pulver ist giftig.*
Ihr präparierter Finger reicht für viele Vorführungen. Mikrospuren dieses Pulvers genügen schon.
Und hier noch ein weiterer Trick: Geben Sie etwas mehr Pulver auf einen Aluminium-Metallstreifen und träufeln Sie etwas Wasser dazu. Das Ganze packen Sie in eine Schachtel. Nach 5 Minuten sind dem Aluminium lange Bärte gewachsen: das Ergebnis eines Oxidationsprozesses. Dazu ein Tip für Schmalfilmer: wachsendes Aluminiumoxid ist ein ausgezeichnetes Objekt für Zeitrafferaufnahmen.

9. SOLARZELLEN: ENERGIE AUS TAGESLICHT

Sonnen- oder Solarzellenladegeräte für die Bordakkus für Boote oder auch Autos sind in den USA der neueste Gag für Leute, die bereits alles besitzen *(Abb. 1)*. Der Spaß ist nicht einmal allzu teuer, denn je nach Leistung kosten die Anlagen zwischen 250 und 1000 DM. Die Wochenendkapitäne sind damit die lästige Fürsorge für die Stromquellen der ihnen Sicherheit bietenden Radio- und Navigationsgeräte los. Voll werden die Batterien allemal, da die Schiffe oder auch Autos 90 Prozent der Zeit sowieso unbenutzt herumstehen. Dazu muß nicht einmal die Sonne sonderlich kräftig scheinen, die Aufladung funktioniert auch in unseren Breiten.

Abb. 1: Solarzellen-Batterieladegerät mit Zellen hohen Wirkungsgrades. Die Form eines Viertelkreises ist unüblich. Sie rührt vom runden Reinstsiliziumstab her.

Bisher nahm man allgemein an, daß der Einsatz von Solarzellen oberhalb des nördlichen 35. Breitengrades wenig lohne. Dieser gedachte Strich durchläuft etwa die Straße von Gibraltar und Sizilien, während Frankfurt zum Vergleich auf dem 50. Breitengrad liegt. New York als ziemlich nördlich in den USA liegende Stadt durchläuft genau der 40. Breitengrad, der auch Madrid durchschneidet.

Sehr nützlich können Solarzellen an fernab gelegenen Punkten wie beispielsweise für Notrufsäulen, für Telefonverstärker, für die Versorgung von Funkgeräten in der Forstbeobachtung oder für andere Sicherheitsaufgaben sein. In diesen Fällen sind Solarzellen, natürlich immer in Kombination mit Batterien für die Überbrückung der Dunkelzeiten, teilweise wirtschaftlicher als konkurrierende Systeme wie etwa thermoelektrische Generatoren, die ständig mit neuen Gasflaschen versorgt werden müssen.

Mit diesen Einsatzgebieten zeigt die Solarzelle einen zunehmenden Trend „zurück zur Erde"; denn seit eineinhalb Jahrzehnten war sie fast ausschließlich im Weltraum für die Versorgung von Erdsatelliten oder interplanetaren Sonden anzutreffen. Als Fotozelle hat sie jedoch schon seit ihrer Erfindung eine Domäne auf der Erde gehabt und fast unmerklich ausgebaut: nämlich für die Verwendung als Belichtungsmesser, heute fast ausschließlich *in* Fotoapparaten.

Solarzellen wandeln auf Grund des fotoelektrischen Effekts an Festkörpern Licht in elektrische Energie um. Die Briten *Adams* und *Day* beobachteten 1877, also vor rund 100 Jahren, erstmals diesen Effekt an einem schon damals vorhandenen Halbleiter: an *polykristallinem Selen.*

Der deutsche Physiker *Hallwachs* bemerkte diesen Effekt an der Kombination von Kupfer und Kupferoxidul. Bei diesen Beobachtungen handelte es sich um den sogenannten *äußeren Fotoeffekt,* bei dem die Lichtquanten gewissermaßen Elektronen aus dem Inneren der Materialien auslösen.

Mit Selen gelang es in den vierziger Jahren den auch heute noch aktuellen Wirkungsgrad von reichlich 1 Prozent zu erreichen, der zwar für die Lichtmessung ausreichend, für die Energieumsetzung aber völlig uninteressant war. Immerhin eine Erhöhung dieses Wirkungsgrades auf mehr als 5 Prozent brachte nach der Entdeckung des Transistors im Jahre 1948 die Herstellung der ersten Siliziumsolarzelle im Jahre 1954.

Zwar dachte zu diesem Zeitpunkt noch niemand an den Einsatz im Weltraum, doch zog man den Ersatz der Selenzellen in Erwägung. Diese Hoffnung erfüllte sich indes nicht, weil die Empfindlichkeit der Siliziumzellen mehr zum langwelligeren Teil des Spektrums hin verschoben ist, während die des Selens weitgehend der Empfindlichkeit des menschlichen Auges entspricht.

Triumphe im Weltraum

Als mit dem Start des Sputnik I am 4. Oktober 1957 das Erdsatelliten-Wettrennen zwischen der Sowjetunion und den USA begann, rückte auch die Zeit des Einsatzes von Solarzellen näher. Vier Monate nach dem Start des ersten Erdtrabanten brachten die Amerikaner ihren Explorer I in eine Umlaufbahn

Die Sowjetunion hatte inzwischen den Sputnik II in den Himmel geschossen. Der US-Satellit wurde aus chemischen Batterien versorgt, hatte jedoch einige Siliziumzellen zur Versorgung eines kleinen Senders an Bord. Da niemand mit einer allzu langen Lebensdauer dieser Solarzellen rechnete, wurde kein Abschalter vorgesehen. Die Konsequenz, der Sender blockierte sechs Jahre lang ein Wellenlängenband.

Wenig später, am 15. Mai 1958, schossen die Sowjets ihren Sputnik III in den Orbit: ihn kann man als Begründer der Solarzellenära im Weltraum bezeichnen.

Hier einige Stationen auf dem Wege zu immer höheren Leistungen: Der Typ Intelsat I, besser bekannt als Early Bird, gestartet im April 1965, hatte eine Energieversorgung für 75 Watt. Seine augenblicklich aktiven Nachfolger, die 1972 erstmals gestarteten Intelsat-IV-Satelliten bezogen schon 600 Watt von der Sonne, Typen der US Air Force sogar 1500 Watt *(Abb. 2)*. Der vorläufig letzte Höhepunkt war das Himmelslabor Skylab, dessen Solarzellen für die in ihm arbeitenden Astronauten 25 Kilowatt an elektrischer Leistung bereitstellen sollen *(Abb. 3)*.

Abb. 2: Nachrichtensatellit des Typs „Intelsat IV", dessen Solarzellen auf dem Satellitenkörper mindestens 600 Watt liefern

Abb. 3: Das amerikanische Himmelslabor Skylab, dessen Solarzellen auf den Paddeln 25 Kilowatt liefern sollten. Die Paddel entfalteten sich aber zunächst beide nicht voll. Den Astronauten gelang es, einen der Paddel voll herauszuziehen

Allerdings dürfte es sich bei dem Weltraumprojekt Skylab um die teuerste Energie gehandelt haben, die jemals in größerer Menge bezogen wurde: das Kilowatt an installierter Leistung kostete nämlich einige Hunderttausend DM. Selbst wenn Skylab 20 Jahre betrieben werden könnte, läge der Preis einer Kilowattstunde noch immer über einer Mark.

Diese Zahlen machen deutlich, warum die Anwendung bisher auf dem Weltraum begrenzt blieb. Solarzellen sind also extrem teuer. Und noch einen Nachteil haben sie, ihr Wirkungsgrad ist nicht besonders hoch. Von der sie erreichenden Strahlung der Sonne wandeln sie maximal 15 Prozent in Elektrizität um – das ist der Wert, den der Hersteller der Akkuladegeräte nach neuester Technologie angibt. Das bedeutet bei einer mittleren Strahlungsleistung im Weltraum von 140 Milliwatt je Quadratzentimeter: die Siliziumsolarzelle nutzt hiervon 74 Prozent im Spektralbereich von 0,35 bis 1,2 Mil-

lionstel Meter bedingt; das sind etwa 15 Milliwatt elektrischer Leistung aus dem Solarzellen-Quadratzentimeter; auf der Erde sind es mit 10 Milliwatt wegen der Absorbtion in der Atmosphäre nur zwei Drittel dieses Wertes.
Versucht man im Weltraum den Wirkungsgrad ständig höher zu trimmen, so ist das für die Erde nicht so entscheidend: hier kommt es allein auf das Verhältnis vom Preis zur Leistung an, das durch neue Erkenntnisse und Massenproduktion verbessert werden soll.

Kampf um den Wirkungsgrad

Wie kann man Solarzellen verbessern? Und wie wird aus Licht elektrische Energie?
Für die Funktion der Solarzellen bildet der fotoelektrische Effekt die Grundlage. In einem Halbleiter werden dabei durch Licht freie Ladungsträger erzeugt und von einem elektrischen Feld getrennt. Dieses Feld wird von einem p-n-Übergang verursacht – eine schmale Zone im Halbleiter, die auf der einen Seite positive Ladungsträger und auf der anderen Seite negative Ladungsträger besitzt. Die positiven Ladungsträger heißen Löcher, die negativen Elektronen. Die Beziehungen zwischen den Ladungsträgern lassen sich am besten durch das Energiebänderschema für Festkörper wiedergeben.
In dieser Modellvorstellung werden die Elektronenbahnen der einzelnen Atome durch ihre Wechselwirkung im Kristallgitter zu breiten Bändern aufgefächert. Wichtig in diesem Modell sind drei Bereiche.
Das Valenzband, die „verbotene" Zone und das Leitungsband. Im Leitungsband haben die Elektronen eine genügend hohe Beweglichkeit, so daß sie den Strom weiterleiten können. Das Valenzband ist in der Regel äußerst dicht mit Elektronen besetzt, während sich in der „verbotenen" Zone keine Elektronen befinden. Gibt es im Leitungsband keine Elektronen, so kann bei angelegter Spannung kein Strom fließen – ausgenommen der Fall, in dem ein Teil der aufgewendeten Energie dazu benutzt wird, Elektronen aus dem Valenzband über die verbotene Zone hinweg in das Leitungsband zu heben. Dazu muß aber die Zone genügend schmal sein. Halbleiter erfüllen oft diese Voraussetzung, Isolatoren nicht. Deshalb leiten Isolatoren auch keinen Strom. Bei Metallen grenzen Valenz- und Leitungsband unmittelbar aneinander oder überlappen sogar. Hier ist Stromleitung kein Problem (Abb. 4).
Für einen p-n-Übergang ist die Nachbarschaft der verbotenen Zone interessant. Im n-Bereich des Halbleiters – im Leitungsband – befinden sich bewegliche Elektronen, im Valenzband – im p-Bereich – bewegliche Elektronenfehlstellen, die Löcher. Trifft ein Lichtquant auf den Halbleiter, dann hebt es – wenn seine Energie größer als die Breite

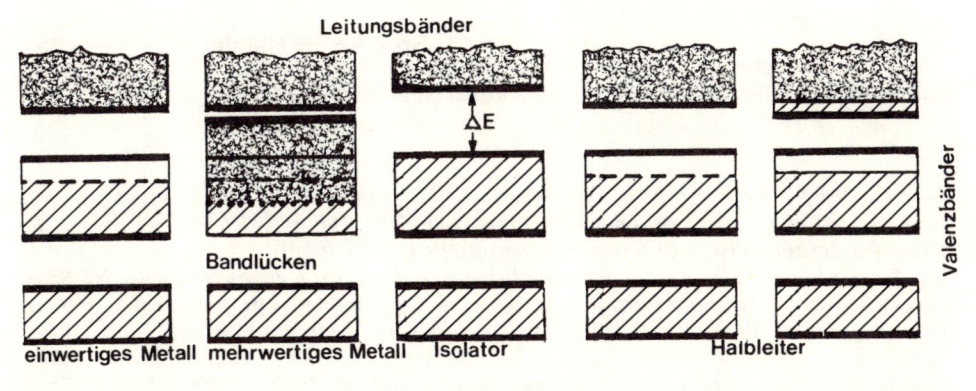

Abb. 4: Schematische Darstellung der Energiebänder von Metall, Isolator und Halbleiter

der verbotenen Zone ist – ein Elektron aus dem p-Bereich in den n-Bereich. Ein positiv geladenes Loch entsteht zusätzlich im p-Bereich. Damit wurden Ladungen getrennt – eine Spannung baut sich auf.

Schließt man die beiden Bereiche durch einen äußeren Leiter kurz, dann findet ein Ausgleich der Ladungsträger statt, und es fließt ein Kurzschlußstrom. Günstig für den Aufbau der Spannung ist es, wenn sich das Elektron schnell von seinem Partner, dem Loch, löst und in den Übergangsbereich gerät.

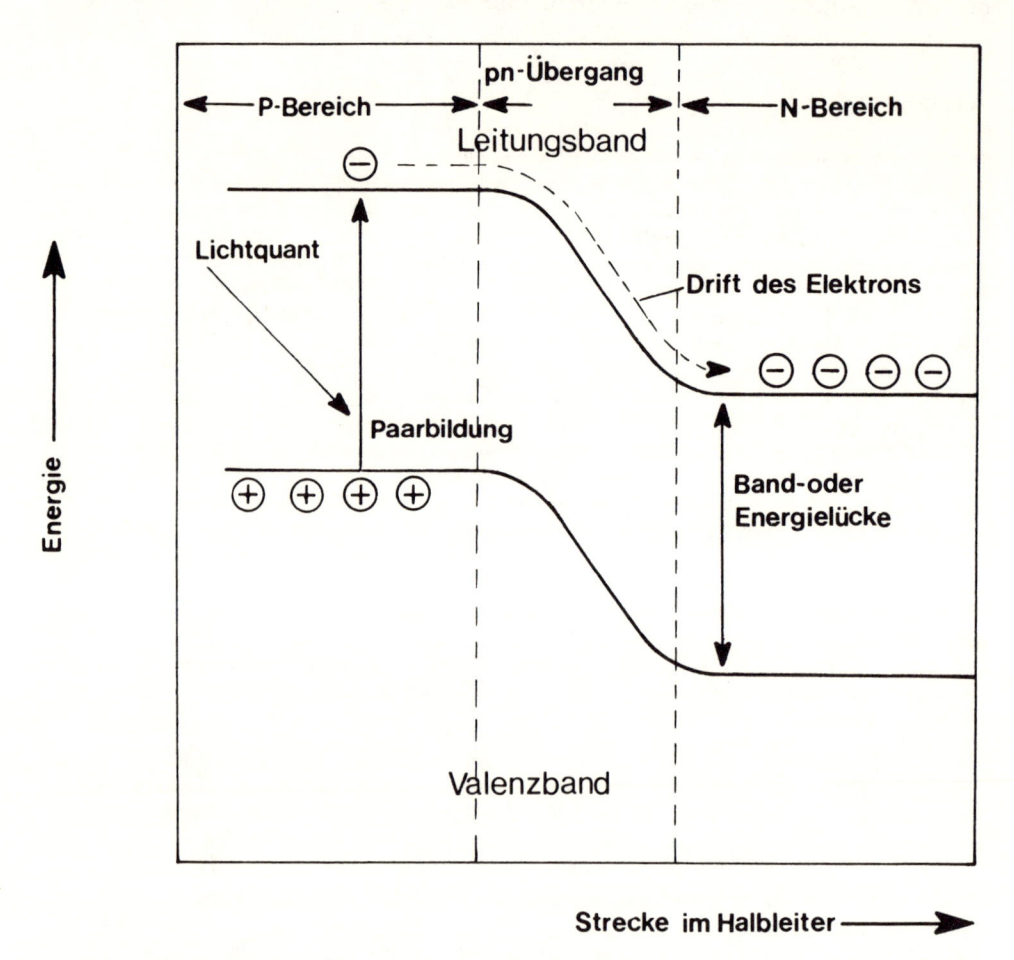

Abb. 5: Schema eines p-n-Übergangs mit Aufbau einer Photospannung

Eine elektrische Leistung ist für Gleichstrom das Produkt aus Strom und Spannung. Entsprechend kann man die Leistungskurve einer Solarzelle aufzeichnen: wir haben das einmal für die am meisten verwendete Siliziumzelle getan (Abb. 6).

Die Endwerte der Stromachse werden durch den Kurzschlußstrom und auf der Spannungsachse durch die Leerlaufspannung markiert. Die letztere ist proportional dem Bandabstand – das ist die Energielücke –, in dem sich keine Ladungsträger aufhalten. Mit der Größe dieses Abstandes wächst auch die Leerlaufspannung. Jetzt könnte man sagen, dann braucht man nur diese Energielücke zu erhöhen und erhält damit eine immer höhere Leistung.

Diese Hoffnung trügt, da gleichzeitig der Kurzschlußstrom der Solarzelle zurückgeht und damit Leistung und Wirkungsgrad entweder absinken oder zumindest gleichbleiben. Dieser häßliche Effekt, mit dem die Solarzellenentwickler jetzt zwei Jahrzehnte kämpfen, hat seinen Grund in der Änderung des spektralen Absorptionsverhaltens des Halbleiters, wenn man die Energielücke ändert.

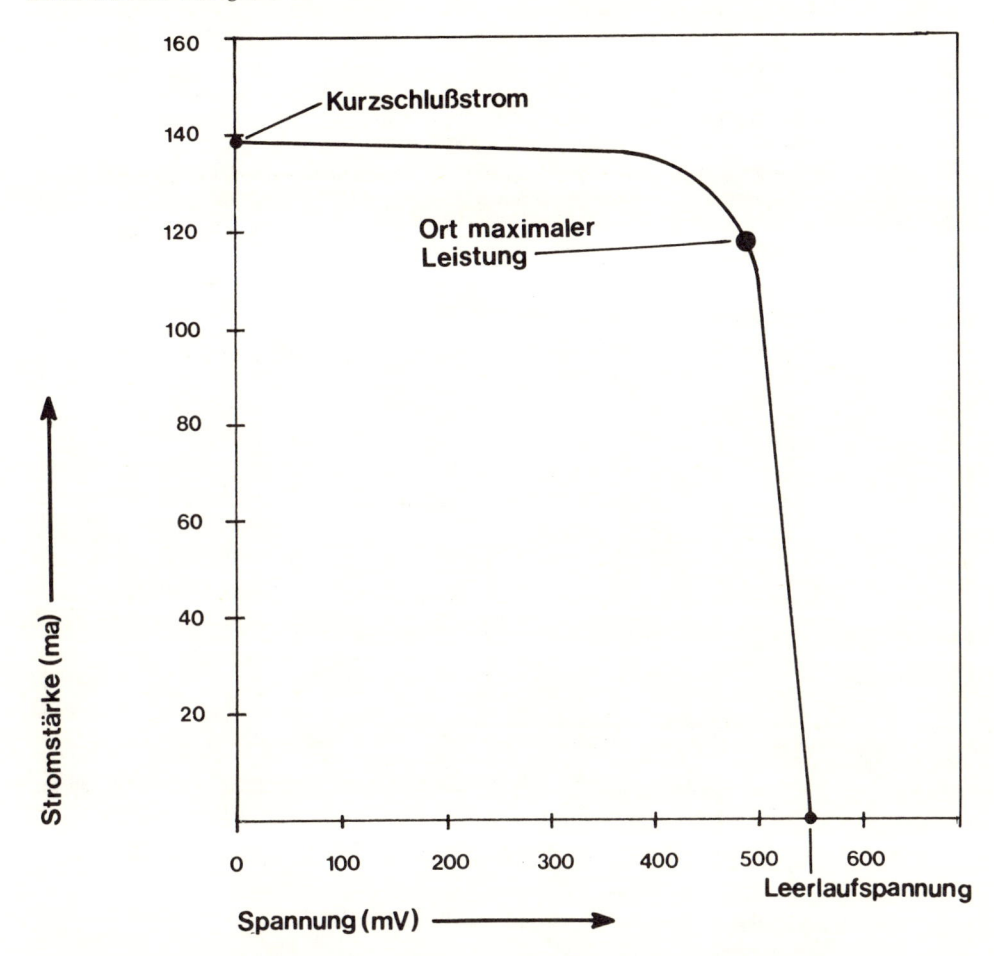

Abb. 6: Stromspannungskurve einer Siliziumsolarzelle

Dieses Absorptionsverhalten soll hier näher erklärt werden, um zu verstehen, warum es bisher nicht gelang, den Wirkungsgrad von Solarzellen wesentlich und längerfristig über 15 Prozent hinaus auszudehnen.

Bleiben wir beim Arbeitspferd der Solarzellen, dem Siliziumtyp. Fällt in einen solchen Halbleiter ein Lichtquant oder Photon ein — seine Energie liegt für die Infrarotseite des Spektrums bei etwa einem Elektronenvolt, für die UV-Seite bei rund 12 Elektronenvolt, und die Energie dieses Teilchens ist mindestens so groß wie die Energielücke —, dann kommt es zur Lichtabsorption.

Wie wir schon vorher gesehen haben, findet dann ein Übergang von Elektronen aus dem Valenzband in das energiemäßig höhere Leitungsband statt. Dieser Vorgang der Absorption läßt sich materialbedingt nicht beliebig steigern. Jeder Stoff oder jede Stoffmischung hat eine Absorptionskante, unterhalb derer die Energie eintreffender Teilchen zur Absorption zu klein ist. Es kommt also nicht zum gewünschten Übergangseffekt. Deshalb muß eine Erhöhung der Energielücke eines Halbleiters nicht unbedingt zu einer Verbesserung des Wirkungsgrades führen.

Suche nach der idealen Zelle

Das Sonnenlicht hat ja bekanntlich eine breite spektrale Energieverteilung, es erscheint weiß und ist doch aus rotem bis blauen Anteilen gemischt. Erhöht man nun die Energielücke einer Solarzelle, dann verschiebt sich automatisch die Absorptionskante zu kleineren Wellenlängen hin, die eine höhere Energie besitzen, als längere (Abb. 7).
Gleichzeitig wird aber der absorbierbare Teil des einfallenden Sonnenlichts immer kleiner, das heißt: immer weniger Photonen besitzen die nötige Energie, um den Elektronenübergang auszulösen. Zwar hat die Zelle dann eine sehr hohe Leerlaufspannung, da aber keine Ladungsträger fließen, sinkt der Kurzschlußstrom und mit ihm die Leistung ab.

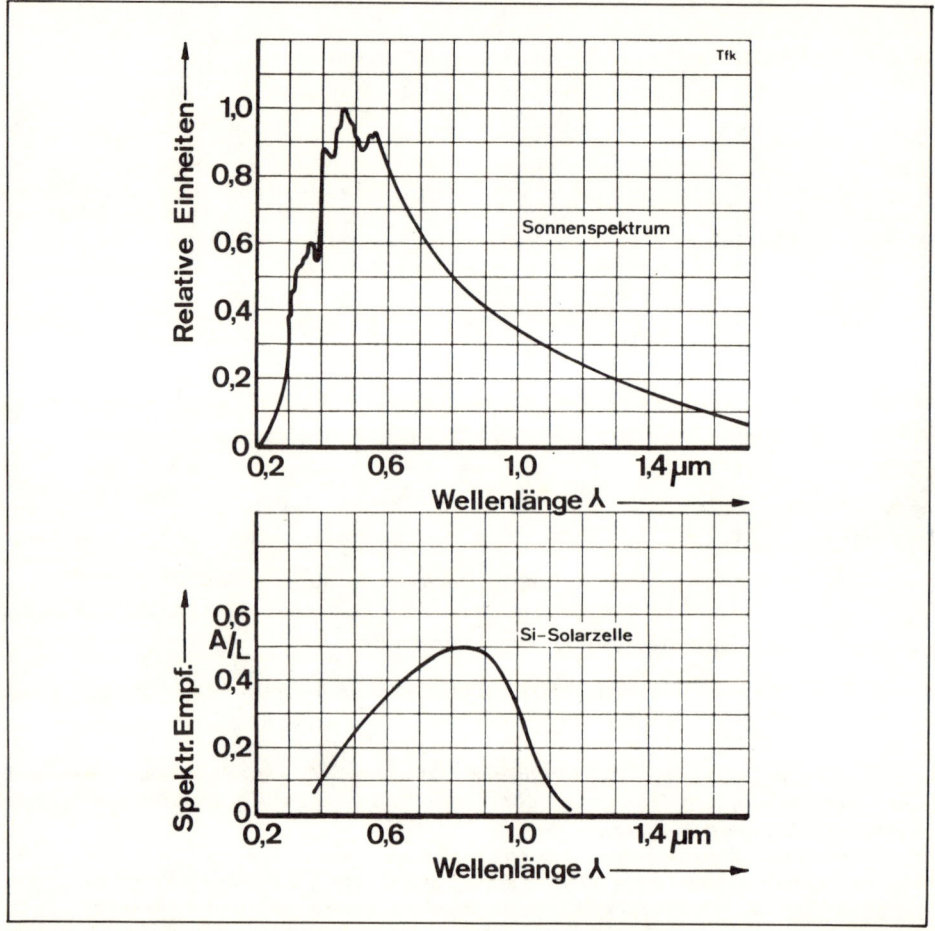

Abb. 7: Spektrale Empfindlichkeit einer Siliziumsolarzelle im Vergleich zur spektralen Energieverteilung des Sonnenlichts

Die Absorptionskante für reines Silizium beträgt zum Beispiel 1,14 Elektronenvolt, was einer Wellenlänge von 1,09 Millionstel Metern entspricht. Da man die spektrale Verteilung des Sonnenlichts und die Energielücken sowie die Lage der Absorptionskanten der ein-

zelnen Halbleitermaterialien kennt, besteht theoretisch die Möglichkeit, eine ideale Solarzelle zu schaffen (Abb. 8). Aus Abbildung 8 wird klar, daß die höchstmögliche Energieumsetzung in Solarzellen etwa 23 Prozent erreichen kann.
Dies Optimum gilt für einen Halbleiter mit einer Energielücke von etwa 1,5 Elektronenvolt. Entsprechend konzentrieren sich die Entwicklungen zum Beispiel auf eine Galliumarsenidzelle (GaAs), die dieses Optimum nahezu trifft.

Silizium liegt nicht so günstig, hat aber dafür andere Vorteile. Denn wie immer spielt die Physik auch hier dem Wunsch nach dem Optimalen einen Streich. Wesentlich hängt nämlich der Wirkungsgrad von der Stärke der Absorption der Lichtquanten ab.
Dringen die Photonen nicht tief genug in den Halbleiter ein, so kommt es dicht unter der Oberfläche zu einem „Schlucken" der Elektronen durch die Löcher, man nennt das Rekombination. Deshalb gelangen nur wenige der Ladungsträger zum p-n-Übergang und tragen zum Aufbau der erwünschten Spannung bei.
Bei der Rekombination entsteht nur Wärme. Silizium erweist sich gegen diese Oberflächenrekombination als relativ immun, während das sonst nahezu ideale Galliumarsenid diesen Effekt kräftig zeigt. Er läßt sich aber durch technische Kniffe weitgehend abbauen, wie wir später sehen werden.

Der Steckbrief heute im Weltraum fliegender Solarzellen lautet etwa: Farbe blau, Größe 2 cm x 2 cm, Dicke 0,3 mm. Leistungsabgabe im Maximum 60 Milliwatt, Umwandlungswirkungsgrad etwa 11 Prozent, Material Silizium (Abb. 9). Eine Ausnahme von dieser Regel bilden lediglich die Skylab-Zellen, die etwa 14 Prozent Wirkungsgrad besitzen und als „violette Zellen" bezeichnet werden, obwohl sie äußerlich nicht anders aussehen. Diese Bezeichnung rührt von einer Ausweitung der Empfindlichkeit auf den blau-violetten Bereich des Spektrums her. Aus diesem Grund erreichte man auch die Wirkungsgradverbesserung.

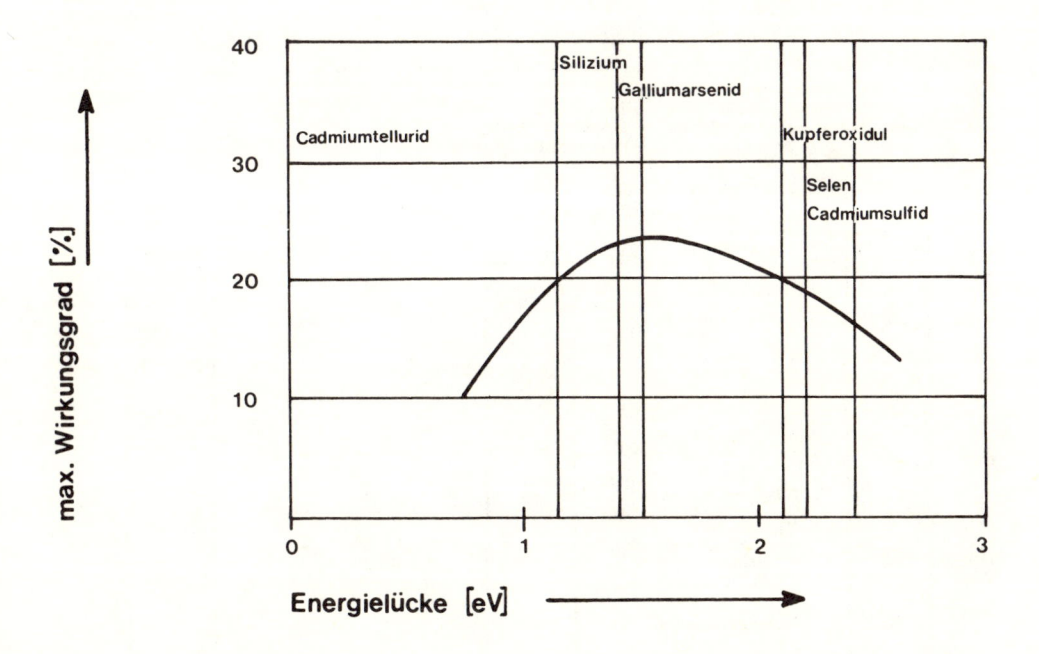

Abb. 8: Theoretische Werte maximaler Wirkungsgrade einiger Solarzellenmaterialien als Funktion der Energielücke

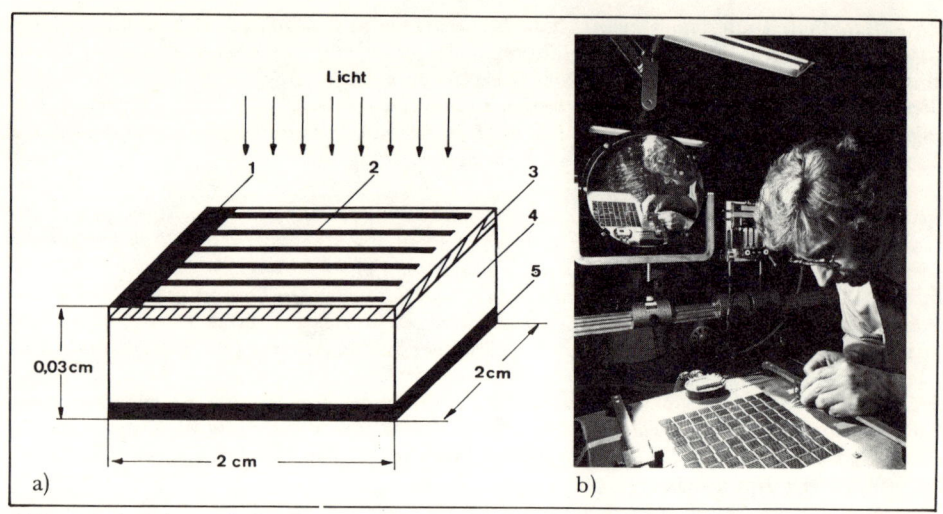

Abb. 9: a) Schematische Darstellung einer Standard-Siliziumsolarzelle: 1 Vorderseitenkontakte: 2 Kontaktfinger; 3 diffundierte N-Zone mit Deffektelektronen, 0,3 Millionstel Meter dick; 4 Bor-dotierte Baiszone; 5 ganzflächiger Rückseitenkontakt. b) Messung der Leistungsdaten von Standard-Solarzellen mit einem Präzisionssonnensimulator

Wenn es eingangs hieß: die Solarzellen für Bootsakkus hätten 15 Prozent Wirkungsgrad, so gilt dies für die Erde, ob sie hingegen Weltraumbedingungen erfüllen würden, ist unbekannt. Sie sind nämlich im Gegensatz zu den allgemein verwendeten Zellen nicht rechteckig, sondern bestehen entweder aus runden oder geviertelten Siliziumscheiben.
Dies ist die einfachste Art, die Zellen herzustellen, da das Reinstsilizium als zylinderförmiger Stab gezogen wird. Es ist dann nur notwendig für die Fertigung einer runden Solarzelle entsprechend dünne Scheiben abzuschneiden. Wie es dem Hersteller gelang, den von ihm angegebenen Wirkungsgrad zu erzielen, behält er aus verständlichen Gründen für sich.

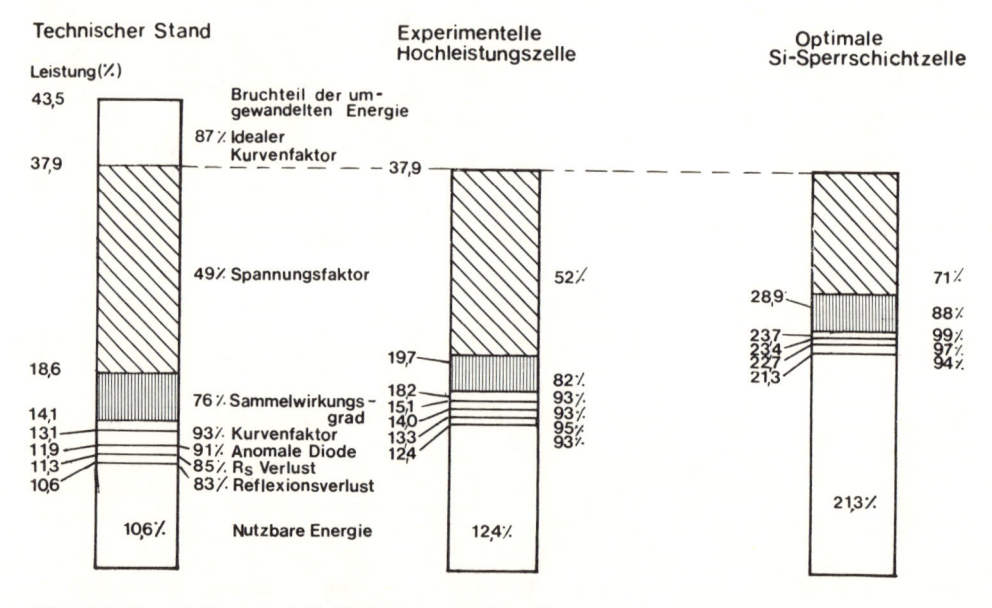

Abb. 10: Entwicklungsmöglichkeiten von Solarzellen

Wie schwierig der Kampf um nur wenige Prozent mehr Wirkungsgrad ist, verdeutlicht Abbildung 10, die zunächst verwirren mag. Der erste Balken zeigt die heutige Raumfahrt-Standardzelle, der zweite einen inzwischen verfügbaren Typ und der dritte das wahrscheinlich mit Silizium erreichbare Optimum. Die Rechnung beginnt nahezu bei 43,5 Prozent, da nur dieser Teil der Photonenenergie für die Erzeugung von Ladungsträgerpaaren nutzbar ist.

Der nicht dargestellte Rest von 56,5 Prozent der Photonen setzt sich zusammen aus nichtabsorbierten Photonen, das macht 24 Prozent aus, und aus überschüssiger Photonenenergie, die 32,5 Prozent ausmacht und noch das Problem der Wärme mit sich bringt. Bisher sind die Bedingungen nur durch die Physik des Halbleiters Silizium gegeben. Unterhalb der 43,5 Prozent muß die Verbesserung ablaufen.

Am meisten schlagen dabei die Anteile Kurvenfaktor, Spannungsfaktor und Sammelwirkungsgrad zu Buche, deshalb sollen sie hier erklärt werden: Der Spannungsfaktor gibt die Abweichung der Leerlaufspannung von der Größe der Energielücke des Halbleiters an, mit der sie im Idealfall übereinstimmen soll. Gerade in diesem Bereich sind die meisten Prozente für die Verbesserung zu holen.

Unter dem Begriff „Sammelwirkungsgrad" sind die Verluste durch Auslöschung – Rekombination – der Ladungsträger zu verstehen, während der Kurvenfaktor ein Maß der Abweichung der wirklich vorhandenen Diodenkennlinie des P-N-Übergang von einem idealen Rechtecksprung ist.

Der Kurvenfaktor ist stark von der Dicke des Materials abhängig, er nimmt bei steigender Dicke und ebenso vom spezifischen Widerstand des Materials ab.

Um Sammelwirkungsgrad und Spannungsfaktor zu verbessern, muß man die Lebensdauer der fotoerzeugten Ladungsträger erhöhen. Denn im Ursprungs-Einkristall des Siliziums erreicht sie etwa 100 Millionstel Sekunden, in der fertigen Solarzelle dagegen nur noch ein Zehntel dessen. Grund für diese drastische Reduzierung sind Verunreinigungen, die sich im Laufe der Herstellung einschleichen. Diese Verunreinigungen haben die unangenehme Eigenschaft, die Ladungsträger – die Elektronen – zu „schlucken" – sie rekombinieren an ihnen.

Welche Reinheitsgrade erforderlich sind, zeigt die fatale Bedingung, daß schon bei der Ladungsträger-Lebensdauer von 10 Mikrosekunden nur 2 Verunreinigungsatome auf 10 Milliarden Siliziumatome kommen dürfen. Das ist nicht zu schaffen. Deshalb hilft man sich mit einem Trick.

Während einer der letzten Arbeitsprozesse wird auf der Oberfläche der Solarzelle für eine bestimmte Zeit eine flüssige Metallschicht erzeugt, die bewirkt, daß die Verunreinigungen aus dem Halbleiterkörper in sie übergehen. Damit steigt die Trägerlebensdauer wieder. Wären die Zellen noch dünner als die heute üblichen 0,3 Millimeter, so wäre der Erfolg noch größer. In diese Richtung und zur weiteren Verbesserung der Trägerlebensdauer muß die Entwicklung gehen.

Für die Erde billige Großflächen

Auch wenn die Preise für Siliziumsolarzellen mit rund 200 DM pro Watt nicht gerade gering sind, wird dieser Typ noch längere Zeit der Renner für die Umwandlung von Licht in Energie bleiben. Dies vor allen Dingen, da die günstigere Galliumarsenidzelle zunächst noch wesentlich teurer ist. Ihr Handicap war bekanntlich die zu große Oberflächenrekombination. Sie wurde inzwischen dadurch überwunden, daß auf der dem Licht zugewandten Seite der Zelle das Galliumarsenid von einer dünnen Schicht eines ähnlichen Halbleiters – Galliumaluminiumarsenid – mit größerer Energielücke überzogen wird. Diese Schicht wirkt wie ein Fenster, das die Strahlen passieren, so daß die Absorption erst im Galliumarsenid erfolgt. Unter Weltraumbedingungen erreicht diese Zelle den bisherigen Rekordwirkungsgrad von 16 Prozent.

Außer auf die kristallinen, relativ dicken Solarzellen konzentrierten und konzentrieren sich noch Arbeiten auf sogenannte *Dünnschichtsolarzellen.* Sie bestehen aus in der Regel aufgedampften polykristallinen Schichten — ähnlich den Selenzellen. Das hat den Vorteil, daß diese Elemente billig und leicht sowie großflächig sein können. Untersucht werden vor allen Dingen Verbindungen von Kupfer und Cadmium mit Schwefel und Tellur.

Eine der heute interessantesten Typen scheint die Kupfersulfid-Cadmiumsulfid-Zelle zu sein. Sie besteht aus einem Kunststoffträger, dem eine hauchdünne Metallschicht aufgetragen ist, die dann anschließend von einer maximal fünfzigmillionstel Meter dicken n-leitenden Cadmiumsulfidschicht bedampft wird. Sie überdeckt anschließend eine nur 0,1 Millionstel Meter dicke Kupfersulfidlage. Auf dem Ganzen befestigt man mit einem leitfähigen Kleber ein feines vergoldetes Kupfernetz zur Stromabnahme.

Durch dieses Netz, das durch eine Kunststoffolie geschützt wird, kann das Licht ungehindert eindringen. Die Wirkungsgrade solcher Zellflächen, sie sollen bis 20 Quadratzentimeter groß werden können, erreichen etwa 7 Prozent.

Weil die Solarzellenpaddel bei Skylab klemmten, versuchten die Astronauten eine aufsehenerregende Weltraumreparatur, die aber nur teilweise gelang. Die Folge davon war der Zwang zur Energieeinschränkung, doch hatte man die bis dahin nicht ins Kalkül gezogene Energieversorgung des angebauten Sonnenobservatoriums als teilweisen Ersatz.

Zur Deckung des Skylab-Energiebedarfs waren auf den Paddeln reichlich 400.000 Einzelzellen vorgesehen. Sie bedecken enorme Flächen *(Abb. 3).* Außerdem bringen derartig große Ausleger häufig Stabilitätsprobleme für die Satelliten mit sich. Deshalb gibt es Versuche, Sonnenzellenrollos zu schaffen, die man nach Bedarf ausfahren kann *(Abb. 11).*

Die üblicherweise verwendeten Siliziumzellen, auch wenn sie in Zukunft 2 x 6 Zentimeter groß sind, haben wegen ihrer geringen Dicke eine genügend hohe Flexibilität, um auf einem Trägerstoff aufgewickelt zu werden. Weniger Probleme brachten die früher meist auf den Satellitenkörper gebrachten Solarzellen, die man aber immer überdimensionieren mußte, da der Trabant ja immer mit Teilen seiner Oberfläche im Schatten liegt.

Wie leistungsfähig Solarzellen sein können, wird sich in Kürze bei dem in Deutschland gebauten und von den Amerikanern gestarteten Helios-Satelliten zeigen, der der Sonne so nahe kommen soll, wie kein künstlicher Himmelskörper vor ihm.

Seine Sonnenzellen, durch eine spezielle Anordnung bestimmter Spiegel geschützt, werden trotzdem 165 Grad heiß werden. 13 Solarkonstanten, das sind etwa 26 Kalorien pro Quadratzentimeter und Minute, wirken auf sie ein. Zusätzlich darf die Leistung der Solarzellen unter dem intensiven Partikelbeschuß, der ihre Struktur verändert, nicht zu stark abfallen. In erdsynchronen Umlaufbahnen sinkt die abgegebene Leistung der Zellen nach etwa 5 Jahren auf rund 65 Prozent des Anfangswertes ab.

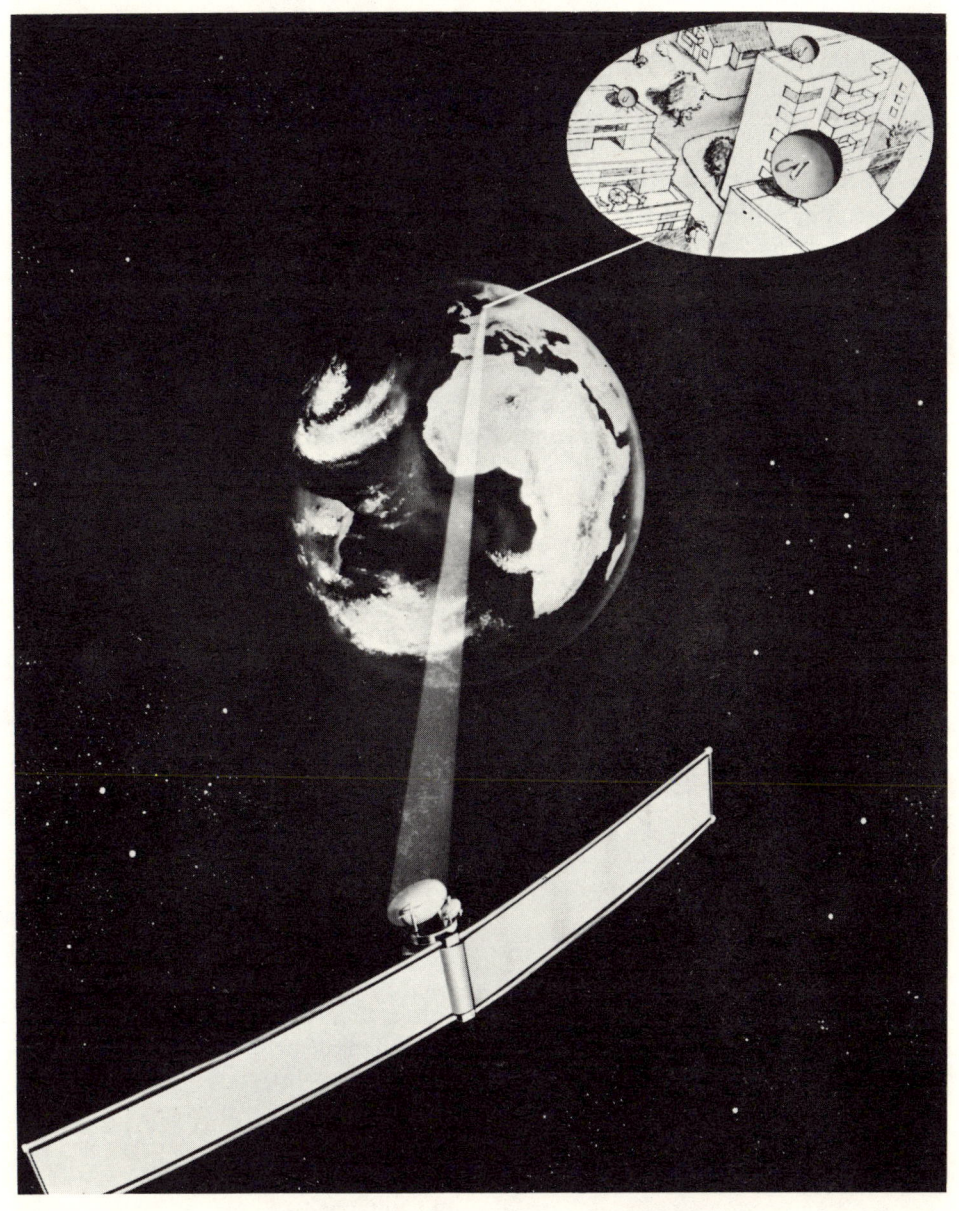

Abb. 11: Modellvorstellung eines Satelliten zum Fernsehdirektempfang, der seine Energie von ausfahrbaren Solarzellenfeldern bezieht

Mit der Energiekrise rückte die Solarzellenanwendung für die Energieproduktion großen Stils in das Gesichtsfeld. Doch scheinen hier mehr Wärmeübertragungssysteme Chancen zu haben, als die direkte Umwandlung in elektrische Energie durch Halbleiter. Es sei denn, die Massenproduktion drückte die Preise für Sonnenzellen in die Gegend von einigen Mark pro Watt. Dabei wären Leistungsgewicht und Wirkungsgrad, in der Raumfahrt wegen der teuren Beförderungsmittel zwingend, auf der Erde kaum ausschlaggebend.

Den bisher aufsehenerregendsten Vorschlag, Solarzellen in großem Stil für die Energieversorgung einzusetzen, machte der Amerikaner Peter Glaser *(Abb. 12)*.

Er möchte ein Solarzellensystem auf Flächen von mehreren Quadratkilometern in synchronen Erdbahnen umlaufen lassen. Dort scheint die Sonne fast 24 Stunden lang ohne die auf der Erde auftretende Absorption. Große Richtstrahler sollen über Mikrowellen die Energie auf die Erde bringen, wo riesige Flächenantennen sie aufnehmen und in die bestehenden Verteilungsnetze leiten. Bisher ist ein solches System reine Science fiction. Vor allen Dingen, da Mikrowellen-Energieübertragungssysteme noch in den frühesten Kinderschuhen stecken. Auch die Kostenfrage ist noch offen. Bisher schwanken die Preise ganz nach dem Optimismus der Abschätzenden.

Ehe dieser „Energietraum" überhaupt realisierbar wird, muß jedoch erst das ehrgeizige Space-Shuttle-Programm — das Raumtaxi — der Amerikaner verwirklicht werden.

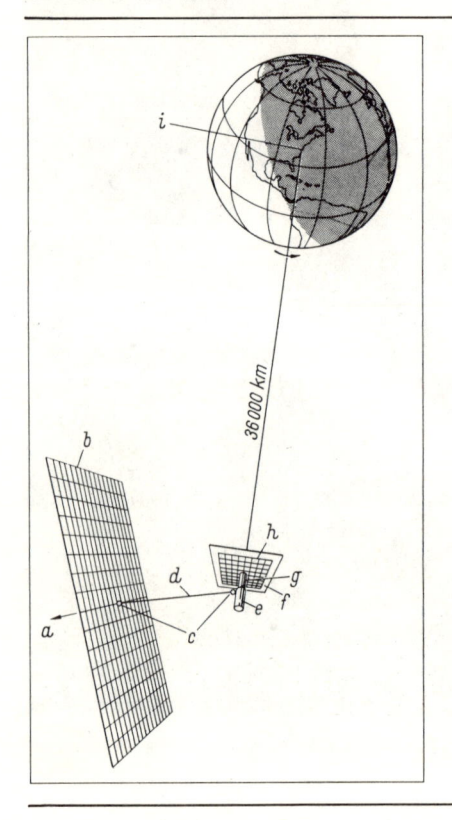

Abb. 13: Solarzellenkraftwerk auf einer erdsynchronen Umlaufbahn
a, b Solarzellenfeld;
c Kopplungspunkte;
d Kabelverbindung;
e Mannschaftsraum;
g Sender;
f, h Raum-Antenne;
i Erdantenne

REGISTER

A
Absorptionskante 126
Ångström 7
aktive Methode 37
Auflösevermögen 72

B
Bandbreite 83, 85
Benhamsche Scheibe 53
Betrachtungswinkel 71
Bierschaumhemmer 109
Bildtelefon 81
Bildwandlerröhren 37
Bitratenkompression 94

C
chemische Vorspannung 65
cholesterinisch 22

D
Dämpfung 90
Dipolmoment 28
Dünnschichtsolarzellen 130
Durchlässigkeit des Glases 58
Durchsatzerhöhung 104

E
Elektronenoptik 38
Elektronenmikroskop 75
Energielücke eines Halbleiters 126

F
Farben dünner Plättchen 10
farbige Anzeige auf der Basis flüssiger Kristalle 32
Feldelektronenmikroskop 79
ferroelektrisches Kristall 34
flacher Fernsehschirm 32
Flickerfarbe 52
Fotoeffekt, äußerer 120
fototropes Glas 62
Frequenz 83

G
Gasanalyse 21
Glasfaser 89
Glasfaseroptik 41
Grauglas 59
Grauwert 33
Grünglas 59

H
Halbphasenbereich 21
Hochpolymere 100
Hohlkabel 87
Hydrodynamiker 99

I
Infrarot-Kamera 15

K
Kamerazwerg 45
Kanal 83
Kerbempfindlichkeit 65
Koaxialkabel 85 f.
Kohlendioxydgehalt in der Atmosphäre 58

L
laminarer Strom 100
Lichtmikroskop 75
Lichtverstärker 37
Lichtwellenleiter 89
Lochmaske 10

M
Materialfehler 19
Metall-Reflexions-Belag 60
Multioden-Vidicon 43

N
Nacht-Fernsehkamera 41
nematisch 22

O
optischer Speicher 63

P
Plattenthermographie 14
Polyoxid 102
psychokinetische Kraft 113

Pulscodemodulation 92

R
Rasterelektronenmikroskop 80
Reibungswiderstand 108
Reinheitsgrade 129
Rekombination 127
Röntgenschirm-Bildverstärker 40

S
Sandwich-Zelle 27
Segment-Anzeige 31
Skylab 122
smektisch 22
Solarzellen 123
Solarzellenladegerät 119
Solarzellenpaddel 130
Spannungsrißkorrision 115
supraleitende Linsen 77
Schlitzmaske 10
Streifenmaske 10
Streuzentren 26
—dynamische 29

T
thermische Vorspannung 65
Thermogramm 46
Thermovisionskamera 47
Totalreflexion 89
Tropfenmikroskop 71
turbulente Rohrströmung 99
turbulente Strömung 99
Turbulenz 100

V
Verbundglas 69

W
Windschutzscheiben 67

Z
Zeitimpulsgeber 31
Zinndioxyd 30
zwischengespeichert 34

Bildquellenverzeichnis

AEG-Telefunken, Frankfurt
AGA, Hamburg
Dr. Joachim Bublath, München
Bundesamt für Materialprüfung, Berlin
Corning Glass Work, New York
Hasselblad, Schweden
Jenaer Glaswerke Schott, Mainz
Dr. Hans Kelker, Farbwerke Hoechst, Frankfurt
Keystone, München
NASA, New York
Siemens, München
Sommer, Frankfurt
Tropon-Werke, Köln
Carl Zeiss, Oberkochem

Die omniTECHNIC GmbH, München, befaßt sich als bisher einziges Unternehmen in der Bundesrepublik mit der Microverkapselung von flüssigen Medien, z.B. Kunstharzen, Klebern, Dichtungsmassen, Lösungsmitteln und feuerhemmenden Substanzen im technischen Bereich. Die neue Technologie der Microverkapselung ermöglicht es, Flüssigkeiten so zu umhüllen, daß diese wie Feststoffe, also als Trockensubstanz, angewendet werden können. Sie bietet auch für die Anwendung von Flüssigkristallen wesentliche Vorteile, ermöglicht elegante Problemlösungen und erschließt neue Anwendungsmöglichkeiten.

Anwendungsgebiete von omniTEMP

- *Zerstörungsfreie Werkstoffprüfung.*
- *Feststellen von Lunkern und Rissen in Metallteilen.*
- *Beobachtung von Wärmeausbreitungsvorgängen.*
- *Überprüfung unzulässiger Erwärmungen.*
- *Optische Verfolgung mechanischer Beanspruchungen (wie Torsions-, Biege- und Streckvorgänge) auf dabei entstehende Erwärmungen.*
- *Beschichtung von Modellen für Windkanalversuche.*
- *Erzielung von Farbeffekten in der Werbung, bei Spielzeugen und Modeschmuck.*

Vorteile von omniTEMP

- *Einfache, umwelt- und arbeitsplatzfreundliche Handhabung.*
- *Kein Entmischen der Flüssigkristall-Formulierungen.*
- *Beschichtung mit handelsüblichen Geräten.*
- *Praktisch unbegrenzte Reversibilität des Farbumschlags.*
- *Keine Beeinflussung der Beschichtung durch Umgebungseinflüsse.*
- *Hohe Stabilität gegenüber UV-Strahlung.*
- *Leichte Entfernungsmöglichkeit der Beschichtung mit Wasser.*

Anwendungsformen

- *omniTEMP-Slurry:* Wäßrige Kapselsuspension für verschiedene Temperaturbereiche. Kann durch Spritzen oder Streichen auf praktisch jeden Untergrund aufgebracht werden.
- *omniTEMP-Folien:* Für verschiedene Temperaturbereiche zur direkten Anbringung auf den entsprechenden Teilen (bitte beachten Sie den Teststreifen auf der ersten Seite).

Auf Anforderung erhalten Sie gerne weitere Unterlagen.

Encapsulated Liquid Crystals

omniTECHNIC *Chemische Verbindungstechnik*
8 München 50, Postfach 500 448
Telefon (0 89) 14 15 51/52

EURAND — ein Unternehmen der NCR-Gruppe, arbeitet weltweit auf dem Gebiet der Microverkapselung. Wir beschäftigen uns mit der Microverkapselung von Pharmazeutika, Nährmitteln, Geschmacks- und Duftstoffen, Industrie- und Agrikulturchemikalien. Das „know-how" ist durch mehr als 250 NCR-Patente geschützt.

**Microverkapselte Flüssigkristalle
für Medizin – Technik – Konsumartikel**

---

sind nur ein Teil unseres Tätigkeitsgebiets, jedoch beispielhaft für die vielen Möglichkeiten der Microverkapselung.

Die Flüssigkristalle in der heute gelieferten marktüblichen Form sind sehr unstabil und die dazu verwendeten Lösungsmittel toxisch und brennbar. Die Fixierung und Haftung auf verschiedenen Oberflächen ist problematisch.

Demgegenüber bieten microverkapselte Flüssigkristall-Systeme, die pseudo-Feststoffe sind, folgende Vorteile:

- *einfache Handhabung und Anwendung*
- *erhöhte Lagerstabilität und Schutz gegen UV-Strahlen*
- *Anwendung in wäßrigen Systemen*
- *Aufbau von Temperaturskalen durch Abmischung von diversen Systemen*
- *Beschichtung von vielen Trägermaterialien wie Kunststoff-Folien, Papier und dergleichen.*

Microverkapselte Flüssigkristalle finden erfolgreich Anwendung in der medizinischen Diagnostik, unter anderem bei:

- *normaler Gefäßphysiologie und krankhaften Gefäßveränderungen, z.B. an Lunge und Herz*
- *peripheren Gefäßerkrankungen, Brustkrankheiten und anderen Tumoren*
- *Untersuchungen der Wirkung von Nervenberuhigungsmitteln auf den Kreislauf*
- *Lokalisierung der Placenta bei der Geburtshilfe.*

Interessante Möglichkeiten eröffnen sich in technischen Bereichen. Auch bei Spielzeug, in der Werbung, als Raum-, Getränke- und Aquariumthermometer werden microverkapselte Flüssigkristalle verwendet.

EURAND S.p.A.
*I-20092 Cinisello/Milano, Italien
Via Priv. Pasteur, 1 – 9*

Hifi, Ultraschall und Lärm

Die Welt des Schalls

**Herausgegeben von
Jean Pütz**

128 Seiten, zahlreiche zum Teil vierfarbige Abbildungen, Format 18,7 x 24 cm, kart., DM 24,-   ISBN 3-8025-1024-0

Das Buch wurde im Zusammenhang mit der Fernsehreihe „Die Welt des Schalls" erarbeitet. Außer dem in den Sendungen gebotenen Stoff enthält das Buch eine Fülle von weiterführenden Informationen und Erklärungen, die eine gründliche Aneignung der angesprochenen Thematik im Selbststudium ermöglichen. Deshalb wurde besonderer Wert auf eine allgemein-verständliche Darstellung gelegt. Im Anschluß an jedes Kapitel findet der Leser eine Zusammenstellung von Fragen, mit denen er das aktiv erworbene Wissen selber testen kann.

**vgs   Verlagsgesellschaft
Schulfernsehen
Köln**

Roland Fuchshuber

Strategien der Vernunft

Rationalisierung durch EDV

224 Seiten, zahlreiche Abbildungen (Diagramme, Computer outputs), Fomat 18,7 x 24 cm, kart., DM 29,80   ISBN 3-8025-1023-2

Immer komplexer werdende Aufgaben in Wirtschaft, Politik, Forschung, Technik, Bildung und im Sozialbereich lassen sich heute mit dem gesunden Menschenverstand allein nicht mehr bewältigen. Optimierungsrechungen in Betrieben, die Anwendung von Simulationstechniken z. B. im Auto- und Flugzeugbau, die Planung organisatorischer Abläufe erfordern den Einsatz von Computern. Das Instrumentarium, das bei der Lösung solcher Aufgaben helfen kann, steht zur Verfügung; worauf es ankommt, ist, sich seiner bedienen zu können. „Strategien der Vernunft" vermittelt die dazu nötigen Grundkenntnisse.
Das Buch entstand im Zusammenhang mit der gleichnamigen Fernsehreihe des WDR.

Verlagsgesellschaft Schulfernsehen Köln

Einführung in die Elektronik

Herausgegeben von Jean Pütz

4. Auflage, 288 Seiten, über 500 Abbildungen, Format 18,7 x 24 cm, kart., DM 29,80   ISBN 3-8025-1022-4

Die Halbleitertechnik, eine der wichtigsten Entwicklungen der modernen Technologie, steht im Mittelpunkt dieses Buches. Nach einer Einführung in die elektronischen und meßtechnischen Grundlagen der Elektronik wird auf Anwendungsbereiche und Fabrikationstechniken elektronischer Bauelemente eingegangen. „Einführung in die Elektronik" ist hervorragend zum Selbststudium geeignet. Es ist als Lehrbuch in der betrieblichen Ausbildung und an Schulen eingeführt.

vgs   Verlagsgesellschaft Schulfernsehen Köln

Einführung in die Physik Teil 1

Herausgegeben von Wilfried Kuhn

272 Seiten, zahlreiche Abbildungen, Format 18,7 x 24 cm, kart., DM 29,80   ISBN 3-8025-1025-9

Dieses Buch zum Fernsehkurs des ZDF „Einführung in die Denkweise der Physik" erläutert Zusammenhänge, die sich im Fernsehen nicht erschöpfend behandeln lassen. Übungsaufgaben nach jedem Kapitel dienen zur Wiederholung und Vertiefung des Stoffes, deren Lösungen im Anhang des Buches ermöglichen eine Lernerfolgskontrolle.

Der Band ist so konzipiert, daß er auch unabhängig vom Fernsehkurs benutzbar ist, also z. B. zum Selbststudium. Er richtet sich gleichermaßen an Laien und physikalisch Vorgebildete.

vgs Verlagsgesellschaft Schulfernsehen Köln

Erwin Baier
Werner W. Weiss

Materie und Raum

Einführung in die Astronomie

224 Seiten, zahlreiche Abbildungen, Format 16,8 x 24 cm, kart., DM 26,80
ISBN 3-8025-1029-1

Diese Einführung in die Astronomie, erschienen zu einer Serie des österreichischen Fernsehens, erläutert in leicht faßlicher Weise astronomische Grundlagen und gibt auch Anregungen zu eigenen Beobachtungen.
Wo erforderlich wird auch Grundlegendes aus der Physik wiederholt.
Ein Buch für alle, die wissen möchten, was außerhalb unserer Erde vorgeht.

Verlagsgesellschaft
Schulfernsehen
Köln

Volker Petzold,
Günter Kunz

Problem Fortschritt

Auswege aus der kaputten Umwelt

192 Seiten, Abbildungen, Format 16,8 x 24 cm, kart., DM 26,80
ISBN 3-8025-1031-3

Ziel des Buches wie auch der gleichnamigen Sendereihe des NDR ist es, das Bewußtsein für die Probleme des Umweltschutzes zu schärfen. Gezeigt werden – da die negativen Beispiele hinlänglich bekannt sind – vor allem positive Versuche, mit den umweltgefährdenden Begleiterscheinungen von Verdichtungsräumen und moderner Großproduktion fertigzuwerden.

Verlagsgesellschaft
Schulfernsehen
Köln